Christoph Kloth

Havariemanagement im Broadcast Engineering

VIEWEG+TEUBNER RESEARCH
Schriften zur Medienproduktion

Herausgeber:
Prof. Dr. Heidi Krömker,
Fachgebiet Medienproduktion, TU Ilmenau
Prof. Dr. Paul Klimsa,
Fachgebiet für Kommunikationswissenschaft, TU Ilmenau

Diese Schriftenreihe betrachtet die „Medienproduktion" als wissenschaftlichen Gegenstand. Unter Medienproduktion wird dabei das facettenreiche Zusammenspiel von Technik, Content und Organisation verstanden, das in den verschiedenen Medienbranchen völlig unterschiedliche Ausprägungen findet.

Im Fokus der Reihe steht das Finden von wissenschaftlich fundierten Antworten auf praxisrelevante Fragestellungen der Medienproduktion. Umfangreiches Erfahrungswissen soll hier systematisch aufbereitet und in generalisierbare, so weit wie möglich theoriegeleitete Erkenntnisse überführt werden. Da im Bereich Medien der Rezipient eine besondere Rolle spielt, räumt die Schriftenreihe der Mensch-Maschine-Kommunikation einen hohen Stellenwert ein.

Christoph Kloth

Havariemanagement im Broadcast Engineering

Konzeption havariesicherer Fernsehproduktionssysteme

Mit einem Geleitwort von
Prof. Dr. Heidi Krömker und Prof. Dr. Paul Klimsa

VIEWEG+TEUBNER RESEARCH

Bibliografische Information der Deutschen Nationalbibliothek
Die Deutsche Nationalbibliothek verzeichnet diese Publikation in der
Deutschen Nationalbibliografie; detaillierte bibliografische Daten sind im Internet über
<http://dnb.d-nb.de> abrufbar.

1. Auflage 2010

Alle Rechte vorbehalten
© Vieweg+Teubner Verlag | Springer Fachmedien Wiesbaden GmbH 2010

Lektorat: Ute Wrasmann | Anita Wilke

Vieweg+Teubner Verlag ist eine Marke von Springer Fachmedien.
Springer Fachmedien ist Teil der Fachverlagsgruppe Springer Science+Business Media.
www.viewegteubner.de

Das Werk einschließlich aller seiner Teile ist urheberrechtlich geschützt. Jede Verwertung außerhalb der engen Grenzen des Urheberrechtsgesetzes ist ohne Zustimmung des Verlags unzulässig und strafbar. Das gilt insbesondere für Vervielfältigungen, Übersetzungen, Mikroverfilmungen und die Einspeicherung und Verarbeitung in elektronischen Systemen.

Die Wiedergabe von Gebrauchsnamen, Handelsnamen, Warenbezeichnungen usw. in diesem Werk berechtigt auch ohne besondere Kennzeichnung nicht zu der Annahme, dass solche Namen im Sinne der Warenzeichen- und Markenschutz-Gesetzgebung als frei zu betrachten wären und daher von jedermann benutzt werden dürften.

Umschlaggestaltung: KünkelLopka Medienentwicklung, Heidelberg
Gedruckt auf säurefreiem und chlorfrei gebleichtem Papier.
Printed in Germany

ISBN 978-3-8348-1330-5

Geleitwort

Sendeausfälle gehören zu den Katastrophen-Szenarios eines jeden Senders, da diese direkt für den Zuschauer sichtbar sind, zu fallenden Einschaltquoten führen und gegebenenfalls Verluste bei Werbeeinnahmen zur Folge haben. Damit kleinere und größere Fehlfunktionen oder Fehlbedienungen nicht sofort in Form eines Sendeausfalles zu Tage treten, bedarf es ausgeklügelter Mechanismen und Strategien, die mögliche Havariefälle frühzeitig aufdecken und bei Eintreten unter allen Umständen die Fortsetzung der Sendung garantieren.

Das vorliegende Buch entstand im Rahmen der Forschungsarbeiten zum Systems Engineering am Lehrstuhl für Medienproduktion am Institut für Medientechnik der TU Ilmenau. Es greift die Grundlagen des Systems Engineerings auf und analysiert zur systematischen Annäherung an das Themenfeld Havarien sowie die verwandten Konzepte des Risiko-, Krisen- und Notfallmanagements. Darauf aufbauend erfolgt eine umfassende Betrachtung und Klassifizierung von Havariestrategien in der Fernsehproduktion sowie die Implementierung einer Havarieanalyse in das Planungstool PlaTo, das insbesondere die technische Konvergenz hin zur IT-basierten Fernsehproduktion im Fokus hat. Mit diesem Hilfsmittel lassen sich Systemzusammenhänge übersichtlich visualisieren und nach unterschiedlichen Kriterien filtern und analysieren. Die Betrachtung mündet in einer Checkliste zur Entwicklung und Analyse von Havariekonzepten. Die Erfahrungen mit dem Digitalen Produktionssystem Aktuelles beim ZDF und in der Aktuellen Produktion bei ProSiebenSat.1 belegen die Praxistauglichkeit der gewonnenen Erkenntnisse.

Wir danken insbesondere den Experten beim ZDF, ProSiebenSat.1 und Studio Hamburg MCI für ihre Offenheit und die vielen konstruktiven Anregungen zum Thema, ohne die dieses Buch nicht möglich gewesen wäre.

Mit dem vorliegenden Band erhalten Interessierte aus Theorie und Praxis einen wertvollen Einblick in die Kernprobleme des Havariemanagments.

Heidi Krömker / Paul Klimsa

Vorwort

Das vorliegende Buch ist das Ergebnis meiner Diplomarbeit an der TU Ilmenau im Fachgebiet für Medienproduktion, entstanden mit der Unterstützung vom ZDF. Die Erfahrungen der letzten Jahre in der Projektierung IT-basierter Produktionssysteme bei der ProSiebenSat.1 Produktion in Berlin haben einmal mehr gezeigt, welche große Bedeutung das Thema Havarien in der Praxis hat und wie hilfreich ein systematisches Vorgehen bei der Konzeption komplexer Fernsehproduktionssysteme ist. Auch hat sich herauskristallisiert, dass bei der Entwicklung und Bewertung von Havariekonzepten die Unterstützung durch geeignete Werkzeuge hilfreich wäre, aber Branchen-spezifische Tools fehlen. Aus dieser Motivation heraus reifte der Entschluss, die Ergebnisse in Form dieses Buches einer breiteren Öffentlichkeit zur Verfügung zu stellen. Im Folgenden werden einerseits sowohl wissenschaftliche Ansätze als auch ein pragmatischer Leitfaden zur Gestaltung havariesicherer Systeme aufgezeigt und andererseits ein Prototyp für eine Havarieanalyse bei Fernsehproduktionssystemen vorgestellt.

Zum Gelingen des Buches haben zahlreiche Personen beigetragen, die mich mit ihren Erfahrungen und fachlichem Rat unterstützt haben und bereit waren, auch Branchen-untypische neue Ansätze auf ihre Praxistauglichkeit hin zu überprüfen. Stellvertretend für alle Helfer möchte ich mich bei Matthias Erdmann, Heidi Krömker, Peter Hardt, Jörg Pankow und Wilken Boie für diese wertvolle Unterstützung bedanken.

Christoph Kloth

Inhaltsverzeichnis

1	**Einleitung**	**1**
2	**Systemtechnische Grundlagen**	**3**
	2.1 Systems-Engineering-Philosophie	4
	2.2 Problemlösungsprozess	7
3	**Havariemanagement**	**13**
	3.1 Havarien	14
	3.2 Risikomanagement	16
	3.3 Krisenmanagement	24
	3.4 Notfallmanagement	29
4	**Havarien in der IT-basierten Fernsehproduktion**	**33**
	4.1 Überblick Fernsehproduktion	34
	4.2 Risikominimierung	43
	4.3 Havariestrategien	46
	4.4 Einfluss der technischen Konvergenz auf Havariestrategien	60
5	**Fehlerbaumanalyse**	**63**
	5.1 Definition	64
	5.2 Fehlerbaumanalyse als Methode innerhalb eines Havariekonzeptes	69
	5.3 Weiterführende Methoden	70
6	**Implementierung einer Havarieanalyse**	**73**
	6.1 Das Planungs- und Analysetool „PlaTo"	74
	6.2 Implementierungen	75
	6.3 Eignung und Einsatzgebiete des PlaTo	89

7 Systemtechnische Analyse von Havariekonzepten   **91**
    7.1   Systemtechnische Analyse 92
    7.2   Fallbeispiel DPA – Digitales Produktionssystem Aktuelles 95
    7.3   Entwicklung von Havariekonzepten 109
    7.4   Praktische Erfahrungen bei ProSiebenSat.1 110

8 Zusammenfassung   **113**

Anhang   **115**
    A.1   Havariemanagement 115
    A.2   Havarien in der Rundfunkproduktion 117
    A.3   Fehlerbaumanalyse – Zerlegung in Module 122
    A.4   Implementierung 123
    A.5   Systemtechnische Analyse von Havariekonzepten 125

Literaturverzeichnis   **137**

Sachverzeichnis   **145**

Abbildungsverzeichnis

1.1	Gliederung des Buches	2
2.1	Das Systems-Engineering-Konzept	4
2.2	Modellbildung und Simulation	8
3.1	Zusammenspiel der Fehlerarten	17
4.1	Zusammensetzung von Asset	36
4.2	EBU/SMTP Studioreferenzmodell	41
4.3	Rundfunkproduktionsprozess	52
4.4	Technische Dimensionen von Havariekonzepten	53
5.1	Zusammenfassung von ODER-Toren	68
6.1	Aktuelle Bildschirmdarstellung von PlaTo	74
6.2	Aufbau und Funktionsweise von PlaTo	75
6.3	Bildschirmdarstellung Tesis FEBA 4.2	76
6.4	Darstellung noch nicht zugewiesener Verbinder	77
6.5	Graph „Athenkonzept"	80
6.6	Beispiel „Serverkonzept"	81
6.7	Fehlerbaum zum „Serverkonzept"	82
6.8	Systemeigenschaften und Filterfunktion	85
6.9	Bildschirmdarstellung der Risikomatrix in PlaTo	87
6.10	Darstellung eines inaktiven Systems in PlaTo	88
6.11	Erweiterung der Symbolbibliothek	88
7.1	Funktionsbereiche des DPA	98
7.2	Havarieworkflow für die Aufzeichnung	99
7.3	Havarieworkflow bei Ausfall einer Unity	101

7.4	Havarieworkflow bei Ausfall des DPA-Netzes	102
7.5	Vereinfachtes Modell des DPA für die Simulation mit PlaTo	106
7.6	Vereinfachtes Modell der DPA-Software	108
A.1	Einfaches Formblatt zur Notfallplanung	116
A.2	Separieren einer Vermaschung im Baum	122
A.3	Anwendung der Separation auf den Baum	122
A.4	Verknüpfung der enthaltenen Teilbäume	122
A.5	Athen- und Serverkonzept	123
A.6	Legende zur Risikoanalyse	124
A.7	Eigenschaften-PopUp für Systeme	124
A.8	Auswertung nach Systemgruppen	129
A.9	Überblick DPA	132
A.10	DPA-Hardware: Baumstruktur und Fehlerbaum	134
A.11	DPA-Hardware: mit inaktiven Backup-Systemen	135
A.12	DPA-Software: Modell, Baumstruktur und Fehlerbaum	136

Tabellenverzeichnis

3.1 Risikomatrix mit Bewertung der Risikostufen 23

4.1 Komplexitätsebenen in Fernsehsystemen 50
4.2 Exemplarisches 3-Stufen-Modell 51

5.1 Bildzeichen der Fehlerbaumanalyse 66
5.2 Einordnung der Analysemethoden 70

6.1 Struktur des verwendeten Arrays 78
6.2 Graphenbeschreibung „Athenkonzept" 79
6.3 Logische Verknüpfungen zum „Serverkonzept" 82
6.4 Gleichungen nach [DIN 25424] zum „Serverkonzept" 83
6.5 Berechnungen für das TOP-Ereignis 83
6.6 Bewertungsmaßstäbe für Auftrittswahrscheinlichkeit 86
6.7 Bewertungsmaßstäbe für den zu erwartenden Schaden 87

A.1 Zusammenhang der verschiedenen Risikotypen 115
A.2 3-Stufen-Modell am Beispiel des MDR 120
A.3 3-Stufen-Modell am Beispiel des DPA (1) 121
A.4 3-Stufen-Modell am Beispiel des DPA (2) 121
A.5 Auswertung nach Systemen 130
A.6 Bewertungsmaßstab Auftrittswahrscheinlichkeit 131
A.7 Bewertungsmaßstab Ausfall geplanter Sendeinhalte 131
A.8 Bewertung der Ursachen für das Entstehen von Havarien 131

1 Einleitung

Mainz, 09. September 2004: *"Ein Siebenschläfer hat am Donnerstag für einen Sendeausfall des SWR in Mainz und Umgebung gesorgt. [..] Das Tierchen sei in einer Verteileranlage über Kabel gekrabbelt und habe dabei eine Stromschlag von 400 Volt abbekommen [..]. Das Tier habe entfernt werden müssen, weil sonst austretende Körperflüssigkeit einen größeren Kurzschluss hätte verursachen können."*[1] *Daher musste der Hauptschalter umgelegt und der gesamte Sendebetrieb von Fernseh- und Radioprogrammen für etwa fünf Minuten unterbrochen werden.*

Sendeausfälle gehören zum Worst-case-Szenario eines jeden Senders, da diese direkt für den Zuschauer sichtbar sind, zu fallenden Einschaltquoten führen und gegebenenfalls Verluste bei Werbeeinnahmen zur Folge haben. Damit kleinere und größere Fehlfunktionen oder Fehlbedienungen nicht sofort in Form eines Sendeausfalles zu Tage treten, bedarf es ausgeklügelter Mechanismen und Strategien, die mögliche Havariefälle frühzeitig aufdecken und bei Eintreten unter allen Umständen die Fortsetzung der Sendung garantieren. Mit der Einführung vernetzter, IT-basierter Produktionsumgebungen greifen viele der bewährten Strategien nicht mehr zuverlässig, so dass eine neue Herangehensweise erforderlich wird.

In den folgenden Kapiteln nähert sich dieses Buch, wie in **Abbildung 1.1** graphisch dargestellt, dem Havariemanagement von Seiten des *Systems Engineering* (siehe Kapitel 2). Nach der Klärung der relevanten Grundbegriffe wird im Kapitel *Havariemanagement* beleuchtet, wie mit Risiken, Krisen und Notfällen zu verfahren ist, damit mögliche Auswirkungen möglichst gering gehalten werden (siehe Kapitel 3). Nach einem kurzen Überblick über den aktuellen Entwicklungsstand der Fernsehproduktion wird definiert, welche systemtechnischen Anforderungen an eine *IT-basierte Fernsehproduktion* zu stellen sind, welche praktischen, systemtechnischen Ansätze für die Entwicklung von Havariestrategien existieren und wie sich diese auf die filebasierte Fernsehproduktion übertragen lassen (siehe Kapitel 4). Eine Methode, die ein großes Potential zur Analyse von Systemen

---

[1] Quelle: [Ya04].

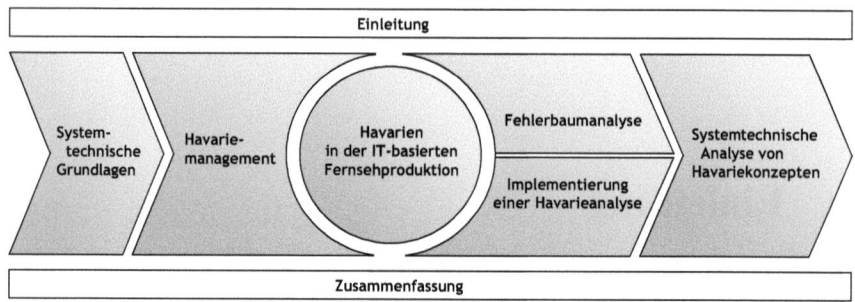

Abbildung 1.1: Gliederung des Buches

in Bezug auf ihre Havariesicherheit mit sich bringt, ist die in der Industrie weit verbreitete *Fehlerbaumanalyse* (siehe Kapitel 5). Diese wird zunächst vorgestellt und im weiteren Verlauf auf ihre Tauglichkeit für den Broadcast-Bereich untersucht. Das folgende Kapitel dokumentiert die *Implementierung* der Fehlerbaumanalyse in das bestehende, prototypische Planungs- und Analysetool PlaTo (siehe Kapitel 6). Abschließend werden die gewonnenen Erkenntnisse als Fallbeispiel am „Digitalen Produktionssystem Aktuelles" (DPA) beim ZDF in Mainz angewendet. Dazu wird ein Methodenset zur *systemtechnischen Analyse von Havariekonzepten* zusammengestellt, welches dazu dient, die Qualität bestehender Havariekonzepte zu untersuchen und Schwachstellen aufzudecken. Dazu werden unter anderem anhand eines Modells des DPA mit PlaTo die konkreten Auswirkungen von Havariemaßnahmen analysiert. In Ergänzung dazu erfolgt eine kurze Betrachtung der Analyse von Havarien bei der ProSiebenSat.1 Produktion (siehe Kapitel 7).

2 Systemtechnische Grundlagen

Leitfragen

- Welche Grundgedanken stecken hinter dem Ansatz des Systems Engineerings?
- Was charakterisiert Systemdenken und Vorgehensmodell im Systems Engineering?
- Welche Methoden stehen für die Systemgestaltung zur Verfügung?
- Welche Rolle spielt das Projektmanagement im Kontext der Systemgestaltung?

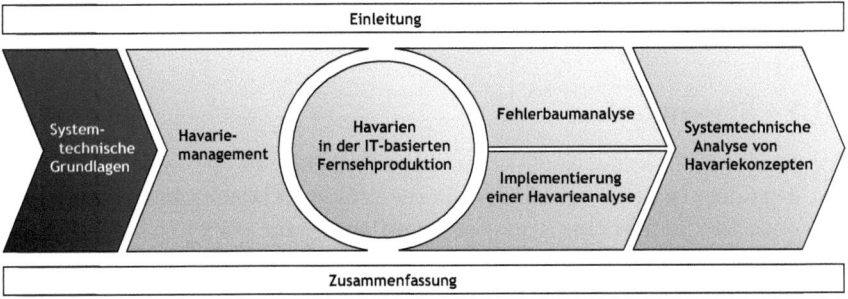

2.1 Systems-Engineering-Philosophie

Das Systems Engineering ist nach DAENZER/HUBER eine Philosophie mit Methoden und Werkzeugen zur „zweckmäßigen und zielgerichteten Gestaltung komplexer Systeme".[1] Im Mittelpunkt steht dabei die Problemlösung zur Überwindung der Differenz zwischen *Soll-* und *Ist-Zustand*. Neben Erfahrung, Fachwissen und Situationskenntnis dient das Systems Engineering als methodisches Element im Problemlösungsprozess. **Abbildung 2.1** veranschaulicht die Struktur des Systems Engineering nach DAENZER/HUBER.

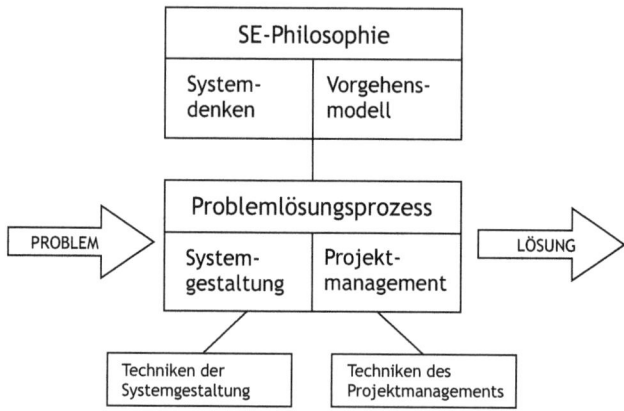

Abbildung 2.1: Das Systems-Engineering-Konzept (Quelle: [DH02])

Dieses Vorgehen findet auch in vielen Bereichen bei der Planung von Fernsehproduktionssystemen Verwendung. Die spezifische Anwendung ingenieurwissenschaftlicher Prinzipien im Rundfunkbereich wird allgemein auch als Broadcast Engineering bezeichnet. Das Systems Engineering dient im Folgenden als Grundlage für die Betrachtung von Havarien in der Fernsehproduktion.

2.1.1 Systemdenken

Das *Denken in Systemen* ist die gedankliche Grundlage für die Systemgestaltung und dient dem besseren Verständnis immer komplexer werdender Systeme. Das Systemdenken umfasst eine Reihe von Begriffen, die zur anschaulichen Beschreibung komplexer Systeme, ihrer Zusammenhänge und modellhaften Ansätzen not-

---
1 Quelle: [DH02], S.XVIII.

2.1.1.1 Systeme

Nach [DIN 25424] ist ein System die „Zusammenfassung technisch-organisatorischer Mittel"[3] und dient der Erfüllung einer Aufgabe oder eines Zweckes. Diese Mittel sind Gruppen von Objekten und/oder Daten[4] (*Elemente*), die Beziehungen (*Relationen*) zueinander eingehen und miteinander interagieren. Für ein System ist kennzeichnend, dass es sich zu seiner Umwelt hin durch eine *Systemgrenze* abgrenzen lässt und damit ein Ganzes bildet.[5] Systeme sind potentielle Quellen von Daten.[6]

Die *Systemgrenze* stellt eine von der Betrachtung abhängige Trennung des Systems von der Umgebung dar.[7] Charakteristisch ist, dass das Herauslösen von Elementen die Identität eines Systems zerstören oder verändern würde[8] und die Relationen im Innern eines Systems als stärker wahrgenommen werden als die Beziehungen zur Umwelt. Die Verknüpfungen zur Umwelt sind irrelevant für die Funktionen des Systems. Allerdings isoliert die Systemgrenze ein System nie komplett von der Umwelt, ansonsten wäre ein System nicht wahrnehmbar, und somit wäre seine Existenz nicht nachweisbar. Wir betrachten daher meist *offene Systeme*.

Alle Größen, die notwendig sind, um ein System vollständig zu beschreiben, werden als *Zustandsgrößen* bezeichnet. Dazu gehören alle Systemgrößen, die *Eigenschaften des Systems* beschreiben, und alle Verhaltensgrößen, die das *Systemverhalten* als Kombination aus einer Eigendynamik und der Reaktion auf die Umwelt beschreiben.[9] Systeme können entsprechend der Änderung der Zustandsvariablen klassifiziert werden. *Diskrete Systeme* ändern ihre Zustände nur zu definierten Zeitpunkten, während *kontinuierliche Systeme* dies fortwährend über eine gewisse Zeit hinweg tun. Reale Systeme sind meist *hybrid*, also eine Mischung beider Varianten. Sie werden nach der überwiegenden Eigenschaft klassifiziert. Darüber hinaus lassen Systeme sich unter verschiedenen *Aspekten* betrachten. Diese lassen sich technisch durch sogenannte *Filter* realisieren. Ein Aspekt definiert einen

---

2 Vgl. [DH02], S.4.
3 Quelle: [DIN 25424], S.2.
4 Vgl. [Wie97], S.10.
5 Vgl. [DH02], S.5.
6 Vgl. [Ce91], S.4.
7 Vgl. [DH02], S.6.
8 Vgl. [Bo94], S.16*f.*
9 Vgl. [Bo94], S.18*f.*

solchen Blickwinkel, der bestimmte Eigenschaften und Relationen von Elementen hervorhebt.[10]

2.1.1.2 Elemente

Elemente sind die „unterste Betrachtungseinheit eines technischen Systems"[11], also die Bausteine eines Systems. Jedem Element lassen sich ein oder mehrere Funktionen zuordnen. Die Interaktion zwischen den Elementen bestimmt die Funktion des Systems. Elemente sind gekennzeichnet durch ihre Funktion, die Inputs und Outputs.

2.1.1.3 Relationen

Relationen sind Verknüpfungen oder Beziehungen zwischen einzelnen Elementen. Es kann sich dabei um Beziehungen verschiedenster Art handeln. Dazu gehören beispielsweise Materialfluss, Informationsfluss, Lagebeziehungen und Wirkungszusammenhänge.

2.1.1.4 Systemhierarchie

Aus der Eigenschaft heraus, dass Elemente wiederum aus (Sub-)Systemen bestehen können, ergibt sich eine gewisse Struktur. Lässt sich die Unterteilung in Subsysteme über mehrere Ebenen hinweg fortführen, entsteht eine Baumstruktur, welche die Systemhierarchie darstellt. Diese Aufgliederung lässt sich theoretisch beliebig detailliert machen. Ist der innere Aufbau eines Elementes als System nicht mehr von Belang, so nutzt man die *Blackbox-Betrachtung*. Es interessiert dabei lediglich die Funktion sowie die In- und Outputs des Elementes.[12]

2.1.2 Vorgehensmodell des Systems Engineering

Das Vorgehensmodell des Systems Engineering bildet mit den Grundgedanken vom Top-down-Ansatz, vom Denken in Varianten, von der zeitliche Gliederung eines Projektes in Phasen und dem Problemlösungszyklus die methodische Grundlage für das Projektmanagement.[13]

Hinter dem *Top-down-Ansatz* verbirgt sich die Vorgehensweise vom Groben ins Detail. Ausgehend vom Gesamtsystem wird das System hierarchisch immer weiter auf gesplittet. Das *Denken in Varianten* gründet auf der Überlegung, dass es für

---
10 Vgl. [DH02], S.9.
11 Quelle: [DIN 25424] Teil 1, S.2.
12 Vgl. [DH02], S.8.
13 Vgl. [DH02], S.30*ff*.

jedes Problem verschiedene Lösungswege gibt. Es soll vermieden werden, sich für die erstbeste Lösung zu entscheiden. Ziel ist es, durch einen Vergleich aller gefundenen Lösungen die für das Problem geeignetste Lösung auszuwählen. Die *zeitliche Gliederung in Phasen* ist die Erweiterung von Top-down-Ansatz und Variantenbildung. Indem ein Projekt in überschaubare Teile zerlegt wird, kann die Planung stufenweise erfolgen und die verschiedenen Lösungsansätze können in den einzelnen Phasen gesondert betrachtet werden. Der *Problemlösungszyklus* bietet Richtlinien, wie man an die Lösung großer und kleiner Probleme herangehen sollte. Im ersten Schritt, der Zielsuche, stellt sich die Frage nach dem Ausgangspunkt, dem erwarteten Ziel und dem Warum. Im zweiten Schritt, der Lösungssuche, wird analysiert, welche Lösungen für die Erreichung des Ziels möglich sind. Zuletzt werden die ermittelten Lösungen bewertet und es wird eine Entscheidung getroffen.

2.2 Problemlösungsprozess

2.2.1 Systemgestaltung

Die Systemgestaltung ist der konstruktive Teil der Lösungsfindung[14], welcher für die Analyse und Implementierung im Verlauf dieser Arbeit wichtig wird. Neben dem zu gestaltenden System ist auch die Umwelt ein wichtiger Aspekt der Systemgestaltung. Die wichtigsten Hilfsmittel sind die Systemanalyse, Modelle und Simulationen.

2.2.1.1 Modellbildung

Modelle „sind so alt wie die Menschheit selber."[15] Es handelt sich um vereinfachte, zusammengefasste und abstrahierte Repräsentationen der Realität bzw. von Systemen.[16] Sie werden erstellt, um das Systemverhalten untersuchen zu können. „Modelle reichen von der verkleinerten, realistischen Darstellung des Originals über die Schnittzeichnung bis zum Funktionsdiagramm."[17] Es gibt sie in Form *physikalischer* oder *mathematischer Modelle*, die sich im Computer simulieren lassen (Vgl. **Abbildung 2.2**). Der Aufbau eines Modells ist stark vom Zweck abhängig. Bei der Entwicklung sind Auswahl- und Entscheidungsvorgänge vonnö-

---

14 Vgl. [DH02], S.XX.
15 Quelle: [Bo94], S.11.
16 Vgl. [Wie97], S.12.
17 Quelle: [Bo94], S.11.

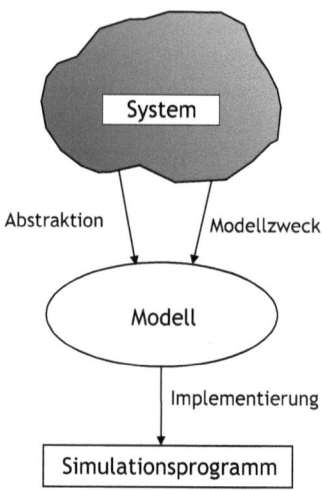

Abbildung 2.2: Modellbildung und Simulation (Quelle: [Wie97])

ten, so dass sich die Modellbildung zwar formalisieren lässt, immer jedoch ein subjektiver Vorgang bleibt.[18]

Der Vorteil von Modellen liegt darin, dass keine Experimente am Original notwendig sind und schneller Ergebnisse erzielt werden können. Es lassen sich mit einem geringen Kostenaufwand und ohne Gefahr auch Extremsituationen und Grenzbereiche simulieren. Ihr Nachteil ist, dass sie nur eine bedingt gültige Abbildung der Realität darstellen und somit immer eine gewisse Unsicherheit in sich bergen.

Gültigkeit von Modellen

Ein Modell wird als gültig bezeichnet, wenn es seinem Zweck entspricht. Dabei sind vier Aspekte von Bedeutung:[19]

- *Verhaltensgültigkeit*: Die relevanten Anfangs- und Umweltbedingungen müssen bei Modell und Originalsystem ein übereinstimmendes Verhalten erzeugen.

- *Strukturgültigkeit*: Die Wirkungsstruktur muss bei Original und Modell im Wesentlichen übereinstimmen.

---

18 Vgl. [Bo94], S.36.
19 Vgl. [Bo94], S.36.

2.2 Problemlösungsprozess

- *Empirische Gültigkeit*: Numerische und logische Ergebnisse müssen bei Modell und Original im Rahmen des Modellzwecks übereinstimmen.
- *Anwendungsgültigkeit*: Das Modell und die Simulationsmöglichkeiten müssen dem Modellzweck entsprechen.

Klassifizierung von Modellen

Systeme lassen sich nach den folgenden Eigenschaften klassifizieren:

- *statisch/dynamisch*: Statische Modelle betrachten nur einen bestimmten Zeitpunkt, dynamische Modelle betrachten den zeitlichen Verlauf des Systemverhaltens.
- *deterministisch/stochastisch*: Deterministische Modelle berücksichtigen keine zufälligen Änderungen im System, stochastische Modelle tun dies dagegen ausdrücklich.
- *diskret/kontinuierlich*: Diskrete Modelle verändern ihren Zustand nur zu festen Zeitpunkten, kontinuierliche Modelle tun dies fortwährend über die Zeit.

2.2.1.2 Systemanalyse

Systemanalyse meint nach [DIN 25424] die Untersuchung eines technischen Systems in Bezug auf Systemfunktionen, Leistungsziele, zulässige Abweichungen, Umgebungsbedingungen und Hilfsquellen des Systems. Es werden die Elemente des Systems, die Organisation und das Verhalten betrachtet. Diese Untersuchung kann direkt oder anhand eines Modells erfolgen.

2.2.1.3 Simulation

„*Simulation ist die Ausführung eines Modells unter Berücksichtigung der Experimentparameter.*"[20] Dazu werden Operationen eines Prozesses oder eines Systems über einen bestimmten Zeitraum hinweg imitiert, um zuverlässige, auf die Realität übertragbare Erkenntnisse zu erlangen.[21] Die Experimentparameter umfassen alle Start- und Steuerparameter sowie den Output am Ende der Laufzeit. Der Schwerpunkt liegt in der Simulation dynamischer Modelle bei der Gestaltung aber auch im Systemmanagement zur Systemüberwachung, das heißt zur parallelen Simu-

---

20 Quelle: [Wie97], S.19.
21 Vgl. [VDI 3633] und [Bo94], S.11.

lation mit realen Daten, um Gefahrensituationen früher erkennen und rechtzeitig reagieren zu können.[22]

Zusätzliche Vorteile bringt die *Computersimulation* mit sich. Sie ermöglicht unabhängig von der Art des Systems eine einheitliche Methodik und verursacht geringere Kosten als ähnliche Untersuchungen an physikalischen Modellen. Zudem lassen sich zeitliche Abläufe raffen oder ausdehnen und Experimente, die zur Zerstörung des Modells führen würden, hinterlassen keine realen Schäden.

2.2.1.4 Analyse versus Simulation

Die formale Analyse macht exakte und allgemein gültige Aussagen über ein System oder Modell und sollte angewendet werden, solange Komplexität und interessierende Fragestellung dies zulassen.

Die Simulation lässt sich auch bei sehr komplexen Problemstellungen erfolgreich einsetzen. Nachteil ist allerdings, dass es sich bei den Simulationen immer um eine Schätzung des realen Systemverhaltens handelt und bei vielen Simulationen eine gewisse Unsicherheit bestehen bleibt, da nicht simulierte Parameter unerwartete Ergebnisse produzieren können.

2.2.2 Projektmanagement

Das Projektmanagement beschäftigt sich mit der Organisation des Problemlösungsprozesses. Es geht darum, Aufgaben, Kompetenzen und Verantwortungen zu verteilen, Entscheidungen zu organisieren und durchzusetzen und darum Ressourcen, Termine und Kosten zu planen und zu kontrollieren.[23]

2.2.2.1 Definitionen

Normale Produktionsprozesse sind derart strukturiert, dass eine gewisse Routine beim Ablauf des Tagesgeschäftes vorhanden ist. Im Projektmanagement geht es um solche Prozesse, die nicht alltäglich sind.

„Ein *Projekt* ist ein nicht alltägliches Vorhaben, das in seinen Zielen, seinem Mitteleinsatz und seiner Terminierung abgegrenzt ist."[24] Vor allem durch ihre Komplexität und ihren Umfang erfordern Projekte eine besondere Organisation. Sie sind gekennzeichnet durch ein Aufgaben bezogenes Budget, Interdisziplinarität, Außergewöhnlichkeit, einen definierten Zeitrahmen, eine definierte Aufga-

---

22 Vgl. [Bo94], S.13*ff.*
23 Vgl. [DH02], S.XX.
24 Quelle: [Neu03], S.5.

benstellung und ihre Neuartigkeit.[25] Meist werden Teilaufgaben eines Projektes durch verschiedene Personen, Abteilungen oder Firmen umgesetzt, so dass es zu einer finanziellen, personellen oder materiellen Konkurrenz zwischen Teilaufgaben kommen kann. Die Umsetzung eines Projektes ist immer an ein gewisses Risiko gebunden.[26] *Management* dient der Willensbildung und -durchsetzung. Es geht im Management um die Durchführung der Aufgabe selbst und um die Leitung der ausführenden Institution.[27] Dazu gehören Planen, Entscheiden, Anordnen, Kontrollieren und Organisieren.[28]

Projektmanagement umfasst als „Management des Problemlösungsprozesses"[29] demnach alle Tätigkeiten des Managements, die zur Abwicklung eines Projektes notwendig sind. Es geht darum, das Problem einzugrenzen, ein Ziel zu definieren und die Umsetzung durch Koordination der Ressourcen, Führung der Projektgruppe und Steuerung und Überwachung von Inhalt, Terminen und Budget zu gewährleisten.[30]

2.2.2.2 Dimensionen

DAENZER/HUBER unterscheiden fünf Dimensionen des Projektmanagements: die funktionelle, die institutionelle, die personelle, die psychologische und die instrumentelle Dimension. Von besonderem Interesse für die Bewertung von Havariestrategien sind die funktionelle und die instrumentelle Dimension.

Die *funktionelle Dimension* beschreibt, was im Laufe des Projektes getan werden muss. Am Anfang eines jeden Projektes und jeder neuen Projektphase steht das *Ingangsetzen*. Es sind Aufgaben zu erledigen wie die Auftragsformulierung, die Informationsbeschaffung, die Klärung der personellen Struktur und Verteilung der Aufgaben, die Aufwands-, Termin- und Budgetplanung und nicht zuletzt die Planung der zu erwartenden Risiken. Ist das Projekt bzw. die Projektphase in Gang gesetzt, folgt das *Inganghalten*. Es umfasst die eigentliche Projektplanung und -steuerung, also unter anderem die detaillierte Zuordnung der Aufgaben, die Auswahl geeigneter Werkzeuge und Methoden, die Motivation der Mitarbeiter und das Lösen von Konflikten. Mit dem *Abschluss* des Projektes beginnt in der Regel die Nutzungsphase. Es empfehlen sich eine abschließende Kontrolle und die kritische Betrachtung des Projektverlaufes, um eventuell aufgetretene Fehler oder Schwierigkeiten beim nächsten Projekt vermeiden zu können. Die *instrumentelle Dimen-*

---

25 Vgl. [Bra03].
26 Vgl. [DH02], S.241*f.*
27 Vgl. [Rin98], S.3.
28 Vgl. [DH02], S.242.
29 Quelle: [DH02], S.242.
30 Vgl. [DH02], S.242*f.*

sion bietet Instrumente und Methoden, die das Projektmanagement unterstützen. Dazu gehören Methoden und Techniken zur Strukturierung wie der Projektstrukturplan und zur Planung und Überwachung wie die Netzplantechnik und Zeit-, Kosten- und Fortschrittsdiagramme. Je größer ein Projekt ist, desto wichtiger wird die Rolle des Dokumentations- und Berichtswesens, um Entscheidungsgrundlagen zu besitzen, den Projektverlauf nachvollziehbar zu gestalten und die Informationen den Projektmitarbeitern zur Verfügung stellen zu können. Bei großen Projekten kommen dazu *Projekt-Informationssysteme* (PIS) zum Einsatz. Die *institutionelle Dimension* betrachtet die Projektorganisation, also wie die Aufgabenverteilung aussieht, wer welche Kompetenzen bekommt und wie die hierarchische Struktur aussieht. Die *personelle Dimension* beschäftigt sich mit der Frage, welche Anforderungen an Projektleiter und -mitarbeiter gestellt werden müssen. Es geht um Führungsqualitäten und Faktoren für eine gute Teamarbeit. Die *psychologische Dimension* berücksichtigt den Menschen als wesentliche Komponente des Systems Engineering. Sie geht davon aus, dass keine absoluten Wahrheiten in Projekten existieren und neben den rational-methodischen Entscheidungen immer auch emotional beeinflusste Entscheidungen getroffen werden, die stark von der Wahrnehmung des Einzelnen abhängen.

3 Havariemanagement

Leitfragen

- Was sind Havarien in der Fernsehproduktion und welche Bedeutung haben sie?
- Welche wissenschaftlichen Disziplinen sind im Havariemanagement relevant?
- Worin liegen die Ursachen für Risiken, Krisen und Notfälle?
- Welche Methoden existieren für den Umgang mit Risiken, Krisen und Notfällen?

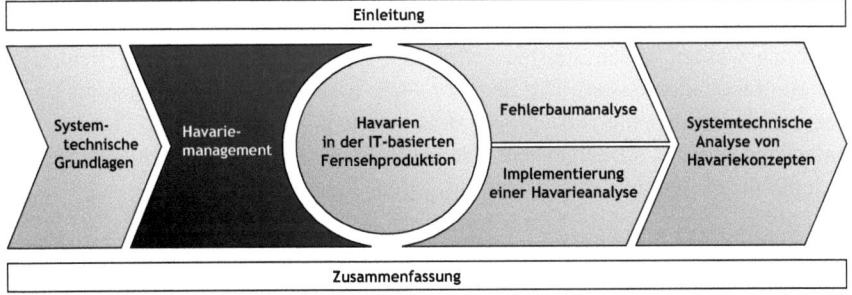

3.1 Havarien

Havarien sind Fach übergreifend ein wichtiges Thema: Was passiert, falls trotz guter Planung doch eine Katastrophe eintritt?

Wenn Havarien auftreten, so könnte man annehmen, dass entweder das Systems Engineering nicht konsequent angewendet wurde oder es schlichtweg versagt hat. Jedoch ist dies eher ein Indiz dafür, dass die heutigen Systeme überaus komplex geworden sind. Tritt eine Havarie ein, so hält das Systems Engineering in der Ausprägung des Broadcast Engineerings geeignete Methoden und Werkzeuge bereit, um die Auswirkungen der Havarie zu mindern und die Havarie zu bewältigen.

3.1.1 Definition

Der Begriff *Havarie* (niederländisch für Havarei) kommt ursprünglich aus der Seefahrt und steht für jegliche schwere Betriebsstörungen, verursacht durch Brände, Explosionen oder dergleichen.[1] In den Medien wird Havarie seit einiger Zeit auch für Schäden und Unglücke an Industrieanlagen, Bauwerken usw. benutzt.[2] Im gleichen Zuge hat es sich in der deutschsprachigen Medienbranche eingebürgert, den Begriff der „Havarie" auch für eine Vielzahl von Störfällen zu verwenden, die bei der Produktion von Medien, beispielsweise in der Fernsehproduktion, auftreten.

Eine wesentliche Eigenart von Havariefällen ist, dass sie in den seltensten Fällen vorhersagbar sind, hinterher die Lösung des Problems aber eindeutig und einfach erscheint. Wie fatal die Auswirkungen sein können, zeigen das Attentat auf das World Trade Center vom 11. September 2001[3] und andere Unglücke. Viele Studien gehen davon aus, dass bei einem Ausfall der EDV die Chance zur Wiederbelebung eines Unternehmens nach 15 Tagen nur noch bei 25% liegt. Um so wichtiger sind geeignete Gegenmaßnahmen.

3.1.2 Havarien im Systems Engineering

Havarien werden in den meisten Schriften zum Systems Engineering nicht oder nur am Rande thematisiert. Das liegt vor allem daran, dass sich das Systems Engineering als Philosophie versteht, die Havariefälle durch strukturierte Planung und gutes Management vermeiden soll. Die Disziplin des Projektmanagements, welche sich mit dieser Problematik beschäftigt, ist das Risikomanagement.

---

1 Vgl. [Bro02].
2 Vgl. [Wik04].
3 Vgl. [Wa02], S.12*f*.

3.1 Havarien

Tritt ein Risiko ein, sprechen wir von einer Havarie, wobei der Begriff Havarie keine Differenzierung der Schwere des Vorfalls vornimmt. VERSTEEGEN untergliedert das Eintreten von Risiken in Krisen und Notfälle.[4] Daraus ergibt sich die Staffelung vom *Risikomanagement* zur präventiven Vermeidung von Havariefällen, über das *Krisenmanagement* zur Behandlung leichter bis mittelschwerer Havariefälle, bis hin zum *Notfallmanagement* zur Bewältigung Existenz bedrohender Havariefälle.

Alle drei Stufen sind Teile des Projektmanagements und kommen an unterschiedlichen Stellen zum Einsatz. In der funktionalen Dimension spielt das Risikomanagement primär beim *Ingangsetzen* von Projekten eine Rolle, sollte aber auch während des Inganghaltens weiter betrieben werden. Krisen- und Notfallmanagement werden gebraucht, sobald Risiken eintreten und sind somit Teil des *Inganghaltens* von Projekten. Falls sich ein Notfall nicht in den Griff bekommen lässt, so dass es zum Abbruch eines Projektes kommen muss, begleitet das Notfallmanagement das Projekt bis hin zum *Abschluss*.

3.1.3 Projektcharakter der Fernsehproduktion

Nun lässt sich die Frage stellen, inwieweit es sich bei der Produktion einer regelmäßigen Fernsehsendung tatsächlich um ein Projekt und nicht um einen gleich bleibenden, routinierten Produktionsprozess handelt (siehe 2.2.2.1), für dessen Organisation es keines Projektmanagements bedarf.

Tatsächlich gibt es Tätigkeiten, die bei der Fernsehproduktion einer gewissen Routine unterliegen, und der Zeitrahmen für die Erstellung einer Sendung ist in der Regel konstant. Allerdings handelt es sich um einen kreativen Prozess, der von vielen unvorhersehbaren Faktoren wie der politischen Lage, der Nachrichtenlage, den mitwirkenden Personen usw. abhängig ist. In der Regel wird relativ kurzfristig bestimmt, welche Inhalte gesendet und welche technischen und kreativen Mittel verwendet werden sollen, wer die Bearbeitung übernimmt und wie die Ressourcen verteilt werden. Das erfordert für jede Sendung aufs Neue eine genaue Zeit- und Ressourcenplanung, die sich nie wiederholt.

Es spricht also vieles dafür, den Umgang mit Havarien von Seiten des Projektmanagements aus zu betrachten. Der Fokus dieser Arbeit liegt auf der technischen, d.h. der funktionellen und instrumentellen, Dimension von Havariefällen. Wie aus den folgenden Punkten deutlich wird, sind aber auch die anderen drei Dimensionen des Projektmanagements immer wieder von Belang.

---

4 Vgl. [Ver03], S.61*ff*.

3.2 Risikomanagement

Das Risikomanagement ist eine Methode des Projektmanagements, die zur Entscheidungsfindung genutzt wird, indem sie Risiken formuliert und deren verzweigte Auswirkungen feststellt und bewertet:

3.2.1 Risiko

Der Begriff Risiko leitet sich vom lateinischen *riscare* (etwas wagen) ab,[5] das heißt die Auswirkungen eines Vorhabens sind im Voraus nicht bekannt. LOWRANCE definiert Risiko entsprechend als Maß für die Wahrscheinlichkeit und die Schwierigkeiten schädlicher Effekte.[6] Mathematisch ausgedrückt, ist das Risiko das Produkt aus der Eintrittswahrscheinlichkeit und der Schadenshöhe (siehe 3.2.4.2).[7] Andere Definitionen sprechen bei Risiken von unwahrscheinlichen Zuständen.

3.2.2 Ursachen

Die Ursachen für Risiken sind vielfältig. In der Regel handelt es sich um Fehler, also ein nicht sachgemäßes Funktionieren eines Systems, welches die Vorhersagbarkeit für Prozesse im System zunichte macht. Diese Fehler lassen sich in die folgenden fünf Kategorien einordnen:[8]

- Hardwarefehler
- Softwarefehler
- Fehler in der Organisation
- Menschliche Fehler (Bedienungsfehler)
- Externe Fehler

Gutes Risikomanagement sollte zumindest die ersten vier dieser Fehler, das heißt alle internen Fehlerquellen, berücksichtigen. **Abbildung 3.1** zeigt, wie die internen Fehlerquellen zusammenspielen.

---

5 Vgl. [Ver03], S.3.
6 Vgl. [SR99], S.138.
7 Vgl. [Rin98], S.57.
8 Quelle: [SR99] S.140.

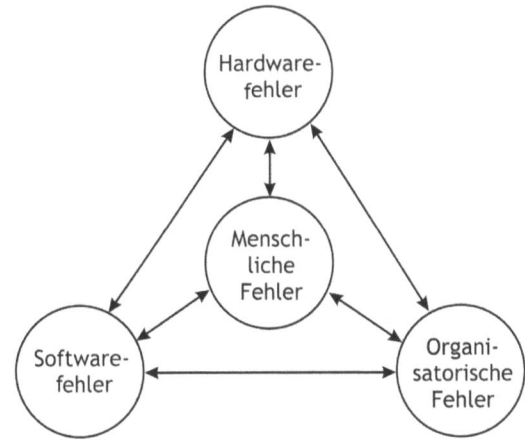

Abbildung 3.1: Zusammenspiel der Fehlerarten (Quelle: [SR99])

3.2.3 Risikotypen

Nach VERSTEEGEN existieren fünf unterschiedliche Risikotypen:[9]

- Geschäftliche/kaufmännische Risiken
- Technische/technologische Risiken
- Terminliche Risiken
- Ressourcenrisiken
- Politische Risiken

Von besonderer Relevanz sollen an dieser Stelle die *kaufmännischen* und *technischen Risiken* sein. Die kaufmännischen Risiken spielen insofern eine wichtige Rolle, als dass sich technische Risiken direkt und indirekt in kaufmännischen Risiken wiederspiegeln. Alle diese Risikotypen sind eng miteinander verknüpft und lassen sich durch unterschiedliche Methoden weitgehend beherrschen (siehe Anhang A.1.1). Lediglich politische Risiken sind nur schwer zu handhaben, da diese meist nicht berechenbar sind.[10]

---

9 Quelle: [Ver03], S.20. Diese Aufteilung der Risiken variiert in der Literatur. So unterteilt RINZA die Risiken in technische, wirtschaftliche, politische und soziokulturelle Risiken, fasst die Risiken jedoch anders zusammen. Vgl. [Rin98], S.56.
10 Vgl. [Ver03], S.43.

3.2.3.1 Kaufmännische Risiken

Die kaufmännische Risiken sind ein zentraler Punkt der Risikobetrachtung, da alle anderen Typen direkt oder indirekt Auswirkungen auf die finanzielle Sicherheit eines Projektes haben. Hinzu kommen die direkten kaufmännischen Risiken: So könnte der Auftraggeber eines Projektes das Budget kürzen oder das Projekt stoppen, er könnte sich im Projektverlauf für neue Technologien entscheiden, die bei Projektbeginn nicht einkalkuliert wurden, oder feststellen, dass zusätzliche Ressourcen benötigt werden.[11]

Kaufmännische Risiken sind vor allem bei *externen Projekten* wichtig, wo der Auftrag- und Geldgeber nicht im eigenen Hause sitzt. Bei *internen Projekten* spielen diese Risiken eher eine untergeordnete Rolle, da kein direkter Geldfluss stattfindet. Doch auch hier kann es zu Budgetkürzungen kommen, um zum Beispiel die Schieflage externer Projekte zu korrigieren.

3.2.3.2 Technische Risiken

Auf technische Risiken lässt sich meist direkt aus Software-, Hardware- und Bedienungsfehlern schließen. Es handelt sich um Risiken, die aus Fehlern im Engineeringprozess, aus Materialfehlern oder aus Fehlern bei der Montage oder Inbetriebnahme resultieren. Solche Risiken entstehen beispielsweise, wenn die geplante Leistung nur mangelhaft festgelegt wird, geltende Gesetze, Vorschriften, Standards und Normen nicht hinreichend berücksichtigt werden oder die Qualität der verwendeten Materialien nicht ausreichend ist. Technische Risiken können zusätzlich durch unerwartete geographische und klimatische Begebenheiten wie Unwetter oder Erdbeben bedingt sein.[12]

Wichtige Aspekte bei externen und internen Projekten sind die Erfahrung der Mitarbeiter mit den verwendeten Technologien und die Lebensdauer der Technologien. Gerade in der relativ jungen IT-Branche kommt es ständig zu Innovationen, so dass sich verschiedene Technologien regelmäßig ablösen und immer neue Werkzeuge zur Verfügung stehen. Bei der Produktentwicklung muss der Blick weit in die Zukunft gehen, um sicher zu stellen, dass die verwendeten Technologien und Plattformen auf lange Sicht Bestand haben.[13]

---

11 Vgl. [Ver03], S.21*ff*.
12 Vgl. [Rin98], S.56.
13 Vgl. [Ver03], S.24*ff*.

3.2.3.3 Terminliche Risiken

Bei terminlichen Risiken handelt es sich um bedeutende Überschreitungen von Meilensteinen.[14] Ihnen gebührt besonders bei zeitkritischen Prozessen und bei Projekten, an denen viele Partner zusammenarbeiten, eine große Aufmerksamkeit.

3.2.3.4 Ressourcenrisiken

Ressourcenrisiken sind Risiken, die im weitesten Sinne mit Ressourcen zu tun haben. Das schließt sowohl fehlende Werkzeuge und Technologien, als auch kranke bzw. fehlende Mitarbeiter mit dem nötigen Know-how ein.

3.2.3.5 Politische Risiken

Politische Risiken umfassen eine Vielzahl von Risiken, die nicht durch die anderen Typen abgedeckt werden. „Sie haben ihre Ursache meist in persönlichen Motivationen von Entscheidungsträgern und sind nicht rational nachvollziehbar."[15] Diese Art von Risiken ist damit besonders gefährlich.

Politische Risiken entstehen zum Beispiel durch Entscheidungen für bestimmte Hersteller oder Unterauftragnehmer, die aufgrund von Sympathie und nicht aufgrund von Qualifikation getroffen werden, oder durch Entscheidungen für eine Technologie, die zwar veraltet ist, aber einem internen Hausstandard entspricht.

3.2.4 Methode zur Risikominimierung

„Who should decide on the acceptability of what risk, for whom, in what terms, and why?"[16]

Risiken und Unsicherheiten gehören zu allen Projekten, wo dieses Frageset beantwortet werden soll. Das Risikomanagement setzt sich aus Tools und Techniken zur Vermeidung und zum Umgang mit Risiken zusammen. Es ist als Prozess bei der Implementierung von Strategien und Systemen zu verstehen.[17] Risikomanagement sollte daher fester Bestandteil der Entscheidungsfindung und nicht nur kosmetische Maßnahme sein. Ziel ist die optimale Balance zwischen *unsicherem Nutzen* und *unsicheren Kosten*.[18] Oft ist die „Behebung eines bereits eingetretenen Risikos [..] um ein Vielfaches teurer als das vorausschauende Risikomana-

---

14 Vgl. [Ver03], S.27.
15 Quelle: [Ver03], S.42.
16 LOWRANCE: „Wer soll für wen, unter welchen Umständen und warum darüber entscheiden, welches Risiko akzeptabel ist? Quelle: [SR99], S.137.
17 Vgl. [Be98], S.23.
18 Vgl. [SR99], S.138.

gement"[19]. Deshalb investieren heutzutage Planer und Manager aus Industrie und Forschung immer mehr Zeit in das Verstehen und Nutzen der Risiko basierten Entscheidungsfindung.

Als präventives Werkzeug zur Bekämpfung von Havarien stellt das Risikomanagement im ersten Schritt die Frage, *was* schiefgehen kann, *wie wahrscheinlich* dies ist und *welche Konsequenzen* damit verbunden wären. Im nächsten Schritt wird erfragt, was getan werden kann, welche Optionen bestehen, welche Kompromisse zwischen Kosten und Nutzen eingegangen werden sollten und welche Auswirkungen das für die Zukunft haben könnte.[20]

Das Risikomanagement sammelt das im Team vorhandene Know-how und versucht so Risiken zu verhindern bzw. ihre Eintrittswahrscheinlichkeit zu minimieren, die Schadenshöhe zu minimieren und das Projekt über eine Notfallplanung so gut wie möglich abzusichern. Es handelt sich um einen iterativen Prozess, dessen Ziel es ist, die größtmögliche Sicherheit zu erreichen. Dabei spielen die folgenden vier Schritte eine wesentliche Rolle:[21]

- Risikoidentifizierung
- Risikoanalyse und -bewertung
- Festlegung von Risikostrategien
- Risikomonitoring

Die *Qualität des Risikomanagements* lässt sich anhand der folgenden Kriterien messen:[22]

- ist es komplett, beweisbar und logisch
- ist es praktikabel und politisch annehmbar
- ist es kompatibel und innovativ
- ist es offen für eine Auswertung
- ist es mit der Risikokommunikation abgestimmt
- gründet es auf ausdrücklichen Annahmen und Voraussetzungen
- leitet es zum Lernen an

Nach BESSIS liegt die Bedeutung des Risikomanagements unter anderem bei der *Implementierung von Strategien* durch den besseren Blick in die Zukunft und bei der Entwicklung von *Wettbewerbsvorteilen* durch die realistische Einschätzung eventuell entstehender Kosten. Bei der *Entscheidungsfindung* lassen sich Risiken

---

19 Quelle: [Ver03], S.1.
20 Vgl. [SR99], S.140.
21 Vgl. [Ver03], S.102 u. S.3.
22 Quelle: [SR99], S.138.

3.2 Risikomanagement

vor der Entscheidung eingrenzen und bewerten. Die Bewertung in Form von Kosten hilft bei einer angemessenen *Preiskalkulation*. Durch eine ständige *Risikoüberwachung* lassen sich viele Risiken umgehen.[23]

3.2.4.1 Risikoidentifizierung

Die Risikoidentifizierung ist mit einer Bestandsaufnahme aller das Projekt betreffenden Risiken die Grundlage aller folgenden Schritte. Risiken, die im Voraus nicht erkannt werden, können im Falle des Eintretens meist nur schwer bewältigt werden.[24] Die Identifizierung erfolgt über alle Projektphasen hinweg und wird für jede Phase separat betrachtet. Diese Aufteilung sorgt für einen dem Projektstand angemessenen Aufwand, erleichtert die Erfolgskontrolle und ermöglicht eine Zuordnung zu den verantwortlichen Personen. Wie genau die Risikoidentifizierung ausfällt, hängt stark von den Einstellungen der durchführenden Personen ab:[25]

- Der *risikoaverse* Mitarbeiter versucht nahezu alle Risiken auszuschließen und erstellt einen detaillierten Maßnahmenkatalog.

- Der *risikoneutrale* Mitarbeiter ist sich einiger Risiken bewusst, versucht aber auf Nummer sicher zu gehen. Diese Gratwanderung erfordert viel Erfahrung.

- Der *risikofreudige* Mitarbeiter geht bestimmte Risiken bewusst ein, um ein Projekt voranzutreiben und Kosten zu sparen.

Bei der Suche nach den Risiken helfen *deterministische* und *stochastische Methoden*. Die deterministischen Methoden kommen hauptsächlich bei Beurteilung des Gesamtrisikos zum Einsatz, die stochastischen Methoden dienen dem Auffinden technischer Risiken. Die drei erfolgreichsten Methoden sind der *Projektstrukturplan*, die *Checkliste* und die *Ausfalleffektanalyse*[26] Ergebnis der Risikoidentifizierung sind eine *Risikoliste* und eine *Risikoabhängigkeitsliste*.

Projektstrukturplan

Ein Projektstrukturplan stellt graphisch die Gliederung eines Projektes in Arbeitsinhalte und Objekte dar. Für die Risikoidentifizierung interessant ist die Aufteilung

---

23 Vgl. [Be98], S.24.
24 Vgl. [Ver03], S.67.
25 Vgl. [Ver03], S.96.
26 Vgl. [Rin98], S.58*ff*.

in einzelne Arbeitspakete, die auf Schwierigkeiten in Bezug auf Sachaufgaben und auf finanzielle und terminliche Schwierigkeiten hin untersucht werden.[27]

Checkliste

Detaillierte Checklisten sind ein beliebtes Hilfsmittel bei der Risikoermittlung, da diese schnell und einfach abgearbeitet werden können. Checklisten entstehen meist auf Basis von Erfahrungen abgeschlossener Projekte oder werden mittels Brainstorming entwickelt. Sie können sukzessive ergänzt werden und sorgen dafür, dass bereits bekannte Risiken bei der Untersuchung nicht vergessen werden. Der ausschließliche Einsatz von Checklisten ist allerdings nur bei Routinefällen zum empfehlen, ansonsten sollten sie mit anderen Methoden kombiniert werden.[28]

Ausfalleffektanalyse

Die in [DIN 25448] standardisierte Ausfalleffektanalyse gehört zu den deterministischen Verfahren, untersucht den Ausfall einzelner Elemente eines Systems und soll Schwachstellen in einem System aufdecken. Ausgangspunkt dieses Verfahrens ist ein funktionierendes System. In diesem werden alle Abweichungen von Prozessgrößen daraufhin untersucht, welche Probleme sie auslösen können.[29]

3.2.4.2 Risikoanalyse- und bewertung

Bei der Risikoanalyse werden die potentielle Eintrittswahrscheinlichkeit der Risiken sowie mögliche Auswirkungen ermittelt. Anschließend erfolgt eine Bewertung, damit angemessene Gegenmaßnahmen vorgeschlagen werden können. Die Risikobewertung erfolgt meist sehr subjektiv. VERSTEEGEN unterscheidet die bewertenden Personen in drei Gruppen:

- *Der Nörgler* hat bei diversen Maßnahmen ein schlechtes Gefühl, gibt aber selten konkrete Gründe dafür an.
- *Der Entrepreneur* hat schnell einen klaren Plan vor Augen, welche Maßnahmen nötig sind und wie diese aufeinander aufbauen müssen.
- *Der Besserwisser* äußert sich meist erst, wenn es zu spät ist.

---

27 Vgl. [DH02], S.526, und [Rin98], S.59f.
28 Vgl. [Rin98], S.60, und [DH02], S.451.
29 Vgl. [DIN 25448] und [Rin98], S.62.

3.2 Risikomanagement

Um alle Sichtweisen angemessen zu bewerten, bietet sich eine mathematische Durchschnittsbildung an. Hierzu bewertet jedes Teammitglied die einzelnen Risiken mit der Eintrittswahrscheinlichkeit W und der voraussichtlichen Schadenshöhe S. Diese Bewertung kann *quantitativ* in Prozent und Geldeinheiten erfolgen, wenn Risiken bilanziert oder versichert werden sollen, oder sie kann *qualitativ* mit Hilfe numerischen Skalen erfolgen. Kommt beispielsweise eine numerische Skala von 1 bis 5 zum Einsatz, steht die 1 für ein geringes W bzw. S und die 5 für ein hohes W bzw. S. Die Risikomaßzahl R ergibt sich aus $R = W * S$. Diese Werte werden über alle Teammitglieder gemittelt, gegebenenfalls werden für bestimmte Mitglieder Standardabweichungen berücksichtigt. Die Qualität Q der Bewertung lässt sich mittels $Q = R_{min}/R_{max}$ bestimmen. Je kleiner Q ist, desto eher sollte ein Risiko nochmal diskutiert werden. Auf diese Art und Weise lässt sich eine relativ objektive Bewertung durchführen.

		Schadensausmaß			
		unbedeutend	marginal	kritisch	katastrophal
Häufigkeit des Schadens	häufig	unerwünscht	intolerabel	intolerabel	intolerabel
	wahrscheinlich	tolerabel	unerwünscht	intolerabel	intolerabel
	gelegentlich	tolerabel	unerwünscht	unerwünscht	intolerabel
	selten	vernachlässigbar	tolerabel	unerwünscht	unerwünscht
	unwahrscheinlich	vernachlässigbar	vernachlässigbar	tolerabel	unerwünscht
	unvorstellbar	vernachlässigbar	vernachlässigbar	vernachlässigbar	vernachlässigbar

Tabelle 3.1: Risikomatrix mit Bewertung der Risikostufen (Quelle: [DIN 50126])

Aus den ermittelten Werten lässt sich eine Risikorangliste erstellen, die alle Risiken nach der Risikomaßzahl ordnet. Bei kleineren Projekten hat es sich als zweckmäßig erwiesen, nur die „Top ten" der Liste zu berücksichtigen. Sind die Projekte komplexer, ist die Verwendung einer *Risikomatrix* sinnvoll. Diese ordnet alle Risiken in Schadens- und Risikowahrscheinlichkeitsklassen ein und ermöglicht eine übersichtliche Einordnung in die in **Abbildung 3.1** gezeigte Risikomatrix.[30]

3.2.4.3 Risikomonitoring

Unter gewissen Umständen ist es sinnvoll, die zeitliche Entwicklung der Risiken und des betriebenen Aufwandes zu betrachten, um die Wirkung bestimmter Ge-

---

30 Vgl. [Ver03], S.102*ff.*

genmaßnahmen beurteilen und Folgemaßnahmen besser planen zu können. Diese historisierende Auswertung nennt man *Risikomonitoring*.

3.2.4.4 Risikostrategie

Bei der Behandlung von Risiken lassen sich im Wesentlichen vier verschiedene Strategien unterscheiden, die im Folgenden kurz erläutert werden.[31]

Die Strategie der *Risikovermeidung* versucht vorausschauend vorzugehen, damit die Wahrscheinlichkeit des Eintretens weitestgehend reduziert wird und die bei Eintreten notwendigen Gegenmaßnahmen möglichst detailliert geklärt sind. Diese Strategie kommt meist bei Risiken zum Einsatz, deren Eintreten verheerende Folgen hätte. Die *Risikoakzeptierung* bedeutet, gewisse Risiken in Kauf zu nehmen und nur bedingt Gegenmaßnahmen zu planen. Diese Strategie bietet sich an, wenn die Auswirkungen nicht schwer wiegend sind und der Aufwand für die Gegenmaßnahmen die eventuellen Kosten bei Eintreten übersteigen würde. Die *Risikominimierung* ist der Mittelweg zwischen Risikovermeidung und -akzeptierung. Diese Strategie versucht das Optimum zwischen den Kosten für Gegenmaßnahmen und einem vertretbaren Risiko zu finden. Ziel des *Risikotransfers* ist es, die Risiken durch eine andere Partei tragen zu lassen. Das kann der Auftraggeber, ein Unterauftragnehmer oder ein Versicherungsunternehmen sein. Diese Strategie senkt die eigenen Kosten des Risikomanagements erheblich.

3.3 Krisenmanagement

Bei SCHULTEN steht der Begriff Krisenmanagement für Krisenvermeidung und -bewältigung.[32] An dieser Stelle soll Krisenmanagement jedoch entsprechend der Definition von VERSTEEGEN nur die *Krisenbewältigung* abdecken; also genau den Fall, in dem das Risikomanagement „versagt" hat und das Eintreten eines Risikos nicht verhindert werden konnte.[33]

Das Krisenmanagement wird in der Literatur zum Projektmanagement oft nur am Rande erwähnt, da dort die Vermeidung von Krisen im Vordergrund steht. Krisenmanagement ist jedoch genauso verbreitet wie das Risikomanagement, da einige Risiken nicht vorhersehbar sind oder bestimmte technische Systeme gerade in unsicheren Umgebungen funktionieren müssen. Oft ist auch der Kostenfaktor ausschlaggebend dafür, dass für einige Risiken keine Vorsorge getroffen wird[34],

---

31 Vgl. [Ver03], S.167*ff*.
32 Vgl. [Schu95], S.56.
33 Vgl. [Ver03], S.62.
34 Vgl. [Neu03], S.9.

3.3 Krisenmanagement

oder in der Bewertung der Risiken sind Fehler unterlaufen. Das Krisenmanagement wird aktiviert, sobald ersichtlich wird, dass ein Projekt nicht regulär fortgesetzt werden kann.

3.3.1 Störung

Störungen sind „Dysfunktionalitäten im Bereich der sachlichen Elemente"[35], also Soll-Ist-Abweichungen außerhalb der zulässigen Parameter. Sie treten aufgrund interner oder externer Einflüsse auf und rufen eine Effizienzminderung hervor. Störungen gehören zum normalen Betriebsgeschehen und führen bei einer Häufung schnell zu einer Krise.

3.3.2 Krise

„Eine Krise ist die erste Eskalationsstufe eines unterschätzten oder nicht erkannten Risikos, das innerhalb eines Projektes eingetreten ist."[36]

Eine Krise ist im Allgemeinen als Wendepunkt oder Schwierigkeit und im industriellen Produktionsprozess als tiefgreifende Störung im Ablauf definiert.[37] Innerhalb von Projekten ist dies meist die Eskalation von Problemen, durch die eine „Lösung unter den gegebenen Rahmenbedingungen unmöglich ist oder als unmöglich erscheint."[38] Dabei ist nicht relevant, ob das Problem tatsächlich unlösbar ist. Krisen können auch durch eine subjektive Unmöglichkeit entstehen. Dadurch ergeben sich mitunter improvisierte Lösungsansätze, die neben der fachlichen Lösung liegen. Die Arten der Unmöglichkeit unterteilt NEUBAUER in die folgenden Kategorien:[39]

- *Objektive Unmöglichkeit*:
  Es existiert keine Lösung für das Problem.

- *Dispositive Unmöglichkeit*:
  Unter den gegebenen Rahmenbedingungen existiert keine Lösung.

- *Subjektive Unmöglichkeit*:
  Die Lösung des Problems wird nicht erkannt.

---

35 Quelle: [Schu95], S.27.
36 Quelle: [Ver03], S.62.
37 Vgl. [Pri93], Band 2, S.480.
38 Quelle: [Neu03], S.8.
39 Vgl. [Neu03], S.12*f*.

- *Fachliche Inkompetenz*:
  Im Projektverlauf wurden unsachgemäße Lösungen verwendet, so dass das Ziel nicht mehr erreicht werden kann.
- *Management-Inkompetenz*:
  Im Projektverlauf wurden falsche Entscheidungen getroffen, so dass Verzögerungen oder schlechte Leistungen auftreten.

Zumindest die letzten beiden Punkte lassen sich durch das konsequente Anwenden der Methoden des Projektmanagements vermeiden. Die Schwierigkeit der subjektiven Unmöglichkeit liegt darin, dass sie nicht von der objektiven Unmöglichkeit zu unterscheiden ist.

3.3.3 Krisenlebenszyklus

Das typische Leben einer Krise gliedert sich in vier Phasen.[40] Das *Entstehen* der Krise, die *Erkenntnis*, dass es sich um eine Krise handelt, die *Darstellung* der Krise und ihre *Lösung*. Im Anschluss sind Analyse und Auswertung der Krisensituation nötig, um gegebenenfalls andere Risiken besser bewerten zu können und Mitarbeiter auf solche Krisensituationen zu schulen.

3.3.3.1 Krisenentstehung

Die Entstehung von Krisen liegt meist weit zurück und ist nicht selten durch Ursachen außerhalb des Projektes bedingt. Die Ursachen können drei Gruppen zugeordnet werden:[41]

- *Natur bedingte Ursachen*,
  wie Erdbeben, Vulkanausbrüche und Gewitter
- *Menschliche Ursachen*,
  wie administrative Fehler und schlechtes Management
- *Industrielle Ursachen*,
  wie Fehler in der verwendeten technischen Ausrüstung

3.3.3.2 Krisenerkenntnis

Krisen rechtzeitig zu erkennen, ist oft kein einfacher Prozess. Zum einen sind Krisen nicht messbar, zum anderen gehört zum Erkennen einer Krise auch die Fähigkeit, sich die eigene Unfähigkeit zur Lösung eines Problems einzugestehen.[42]

---
40 Vgl. [Neu03], S.33.
41 Vgl. [Ma01], S.2.
42 Vgl. [Neu03], S.35.

3.3 Krisenmanagement

Problematisch ist auch die Tatsache, dass unangenehme Themen gern weiter delegiert werden und sich die Bearbeitungszeit so mitunter gefährlich verlängert. Um Krisen rechtzeitig zu erkennen, sollten einige wichtige Indikatoren im Auge behalten werden:[43]

- Werden die Meilensteine eingehalten?
- Zeigen sich deutliche Budgetüberschreitungen?
- Werden bestimmte Arbeiten nie ganz fertig?
- Ergeben sich im Projektverlauf immer neue, ungeplante Arbeiten?
- Beschwert sich der Kunde immer wieder, versteht er das Problem?
- Kann das System in den Produktionsbetrieb übernommen werden?
- Wie hoch ist die Ausschussquote?

3.3.3.3 Krisendarstellung

Obwohl diese Phase die wichtigste im Zyklus darstellt, spielt sie in der Praxis kaum eine Rolle. Dabei muss auf Basis der Krisendarstellung geprüft werden, ob es sich tatsächlich um eine Krise handelt. Ist dies der Fall, so wird die Krisendarstellung zum Ausgangspunkt der Lösungsfindung. Hierbei ist eine schlüssige schriftliche Formulierung nicht zu unterschätzen. Die Dokumentation sollte möglichst objektiv und sorgfältig durchgeführt und von einer zweiten Person geprüft werden. Auf diese Art wird das Problembewusstsein unterstützt und die Entscheidung vereinfacht.

3.3.3.4 Krisenlösung

Der Lösungsprozess beinhaltet im Wesentlichen drei Phasen. Im ersten Schritt wird versucht, mögliche Folgen zu lindern. Anschließend erfolgen die eigentliche Analyse des Problems und die Erarbeitung eines Lösungskonzeptes. Letzteres wird abschließend umgesetzt.

3.3.4 Methode zur Krisenbewältigung

„Kommunikationsorientierte Problemverlagerung" (KOPV) nennt sich die von NEUBAUER entwickelte Anleitung zur Krisenbewältigung.[44] Die KOPV ist eine Kombination aus einer Methode mit abstrakten Schritten zur Krisenbewältigung und einem Vorgehensmodell mit zum Teil konkreten Handlungsanweisungen. Dabei kommen viele aus dem Systems Engineering bekannte Methoden und Werkzeuge zum Einsatz.

---
43 Vgl. [Neu03], S.36.
44 Vgl. [Neu03], S.41*ff*, und http://www.kopv.de.

Der KOPV liegt die Idee zugrunde, unlösbare Probleme so zu vereinfachen, dass sie lösbar werden und das angestrebte Ziel mit leichten Einschränkungen dennoch erreicht wird: *"Bei der Bearbeitung eines Problems kommt es nicht darauf an, ein gegebenes Problem zu lösen, sondern ein bestimmtes Ziel zu erreichen."*[45] Dies passiert durch die Neudefinition des Problems. Manchmal kann sogar davon ausgegangen werden, dass Probleme in der Praxis bereits falsch formuliert wurden. Es handelt sich um einen einfachen, praktikablen und flexiblen Ansatz, der nur wenige Informationen benötigt, nur den eigentlichen Konflikt behandelt, bei dem Kosten und Nutzen im Vordergrund stehen und der klare Handlungsanweisungen gibt. Auf diese soll im Folgenden etwas genauer eingegangen werden.

3.3.4.1 Analyse der Krisensituation

Am Anfang stehen die gründliche Analyse aller Krisenfaktoren und die Darstellung der Krise. Läge keine Krise vor, würden alle folgenden Schritte nur unnötige Kosten verursachen. Besonders wichtig ist eine klare und eindeutige Definition der Aufgabe, der relevanten Probleme (Soll-Abweichungen) und der Ziele aller beteiligten Parteien. Orientierung bieten dabei die Krisenindikatoren (siehe 3.3.3.2).

3.3.4.2 Schadenserwartungen

"Welcher Schaden tritt ein, wenn nicht unverzüglich mit Krisenmanagement begonnen wird?"[46] Diese Frage zeigt, in welchem Umfang das Krisenmanagement notwendig ist. Es ist zu untersuchen, welcher Schaden bereits eingetreten ist und welche finanziellen oder anderen Konsequenzen durch Produktionsausfall, Gewinnausfall, Schadensersatz, Krisenhandlungskosten usw. zu erwarten sind.

3.3.4.3 Problemverlagerung & Lösungsalternativen

Bei der Problemverlagerung wird versucht, durch eine Neuformulierung der Problemstellung oder durch die Veränderung der Rahmenbedingungen das ursprünglich angestrebte Ziel doch noch zu erreichen. Damit dieser Versuch nicht zu schnell aufgegeben wird, ist es notwendig, den Blickwinkel auf das Problem zu verändern und das Problem neu zu bewerten. Dabei helfen verschiedene Kreativitätstechniken. In Krisensituationen ist dazu die offene Diskussion aller Möglichkeiten unumgänglich. Kann keine Lösungsalternative gefunden werden, muss das Problem so lange verlagert werden, bis eine akzeptable Lösung gefunden wird.

---

45 Quelle: [Neu03], S.42.
46 Quelle: [Neu03], S.75.

3.3.4.4 Schaden & Nutzen

Das Abwägen zwischen Schadenskosten, den Kosten für die Erstellung und Erarbeitung der Lösung und dem zu erreichenden Nutzen ist eine wesentliche Entscheidungsgrundlage. Besonders teure Lösungsansätze sind ein Indiz dafür, dass das Problem nicht ausreichend verlagert wurde. Der „massive Einsatz von Mitteln"[47] für eine „Kopf-durch-die-Wand-Methode" hilft in solchen Situationen selten weiter. Gute Lösungen sollten die Kosten für alle an der Krise Beteiligten möglichst niedrig halten und den gewünschten Nutzen bringen.

3.3.4.5 Entscheidung

Die Entscheidung ist meist Sache mehrerer Parteien, was eine gute und vergleichbare Darstellung der Lösungen notwendig macht. Bei externen Projekten erfordert es zudem Verhandlungsgeschick und ein wenig Glück, damit die gefundenen Lösungen vom Kunden akzeptiert werden. Zum Schluss sollte die Entscheidung, gegebenenfalls rechtskräftig, dokumentiert werden.

3.4 Notfallmanagement

„Ein Notfall ist die zweite Eskalationsstufe des Risikomanagements. Voraussetzung für den Status 'Notfall' ist, dass ein erkanntes oder auch nicht erkanntes Risiko eingetreten ist und die daraus resultierende Krise nicht bewältigt werden konnte."[48]

Ein Notfall entsteht meist aus einer Krise oder einer Serie von Krisen heraus. Kann ein Notfall nicht gelöst werden, ist das gesamte Projekt (oder die gesamte Sendung) in Gefahr. Der Übergang von der Krise zum Notfall ist meist fließend. Das Vorgehen ähnelt in vielen Aspekten dem Krisenmanagement.

3.4.1 Erstmaßnahmen im Notfall

Nach der Kategorisierung des Notfalls nach Schadensbild, Entscheidungsträgern, durchzuführenden Maßnahmen und zu informierenden Personen, geht es an die stückweise Wiederherstellung des Systems. Als Grundregel gilt dabei:[49]

---

47 Quelle: [Neu03], S.85.
48 Quelle: [Ver03], S.64.
49 Quelle: [Wa02] S.221

1. Menschenleben retten
2. Ausbreitung des Schadens verhindern
3. Datenbestände sichern[50]

3.4.2 Notfallhandbuch

Das Notfallhandbuch soll im Notfall, wenn Ratlosigkeit und Stress keinen Ausweg mehr erscheinen lassen, als verlässlicher Ratgeber dienen. Ein solches Notfallhandbuch ist eine strukturierte Sammlung von Dokumenten, das alle bei einer Katastrophe notwendigen Maßnahmen beschreibt. *Es ist quasi eine Sammlung von Havariestrategien und notwendigen Zusatzdokumenten.* Es sollte so aufgebaut sein, dass ein sachverständiger Dritter in der Lage ist, die beschriebenen Schritte durchzuführen.[51]

Die Erarbeitung eines Notfallhandbuches erfolgt in der Regel im normalen Geschäftsbetrieb. Neben den in vielen Branchen relevanten Notfällen wie Bränden, Wassereinbrüchen, Stromausfall und Ausfall der Klimaanlage sollte ein Notfallhandbuch alle Branchen spezifischen Notfälle abdecken und sukzessive erweitert werden, falls bislang nicht berücksichtigte Szenarien erkannt werden. Es müssen sowohl organisatorische Festlegungen – das heißt auch Informationen darüber, wer im Notfall die Ansprechpartner sind – getroffen werden, als auch Informationen hinterlegt werden, was beim Anlauf kritischer Komponenten zu beachten ist. Wichtig ist die Dokumentation aller beteiligten Systeme, das heißt zum Beispiel Informationen über IT-Systeme, Netzwerkinfrastrukturen, Datensicherungsverfahren und Handbücher. Mit der zunehmenden Vernetzung in der IT-basierten Fernsehproduktion wird in Notfallhandbüchern neben der systemorientierten Dokumentation auch die Beschreibung der Produktionsprozesse sowie der Zusammenhänge zwischen Systemen und Workflows immer wichtiger.

Oft sind Notfallhandbücher individuelle, digital gespeicherte Aufzeichnungen der Systemadministratoren. Das Notfallhandbuch sollte in einer für Dritte einsehbaren, gedruckten und damit lokal unabhängiger Form vorliegen. Bewährt hat sich eine Sammlung standardisierter Formblätter.[52]

3.4.3 Notfallübungen

Zum effektiven Einsatz von Notfallhandbüchern und -regelungen ist dringend erforderlich, dass die Mitarbeiter eingewiesen und geschult werden, denn im Notfall

---

50 In der Fernsehproduktion hat die Rettung der Sendung eine höhere Priorität (siehe 4.3.1).
51 Vgl. [Wa02], S.193.
52 Der Zugriff darauf sollte geregelt erfolgen. Beispiel siehe Anhang A.1.2.

3.4 Notfallmanagement

ist das Studium der Notfallhandbücher oft zu spät, um die Maßnahmen konsequent umsetzen zu können. Notfallübungen helfen zusätzlich, die Genauigkeit und Qualität eines Notfallhandbuches zu verbessern. Nicht selten scheitern einfache Vorschriften an Kleinigkeiten, beispielsweise einem Schlüssel für das Ersatzteillager, der nicht aufgefunden werden kann. Ein nützlicher Nebeneffekt von Notfallübungen ist, dass die Wahrnehmung der Mitarbeiter auf mögliche Ursachen von Notfällen geschärft wird.

4 Havarien in der IT-basierten Fernsehproduktion

Leitfragen

- Was charakterisiert die technische Konvergenz im Broadcastbereich?
- Welche Maßnahmen tragen im Vorfeld zur Vermeidung von Havarien bei?
- Welche Dimensionen sind bei der Gestaltung von Havariestrategien zu beachten?
- Welche Auswirkungen hat die technische Konvergenz auf Havariestrategien?

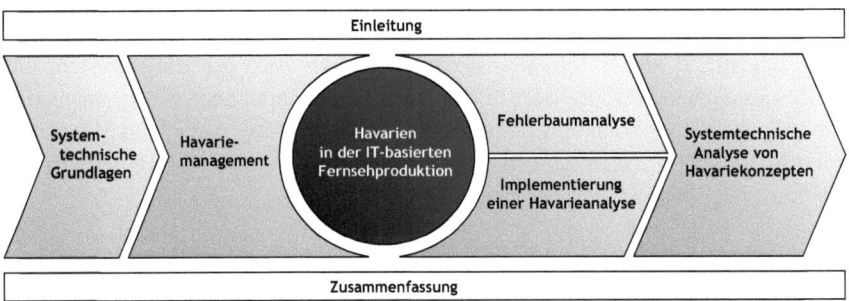

4.1 Überblick Fernsehproduktion

In der Fernsehproduktion ist mit der umfassenden Integration von Informationstechnologie (IT) in den Produktionsprozess in den letzten Jahren ein enormer Entwicklungssprung zu verzeichnen. Der Einsatz von IT-basierter Technik bringt viele neue Möglichkeiten mit sich, erfordert aber auch ein komplettes Umdenken in Bezug auf Workflows und Havarien.

Im Folgenden soll daher erst ein kurzer Blick auf die herkömmliche Fernsehproduktion geworfen werden, um anschließend näher auf die Veränderungen in der IT-basierten Fernsehproduktion einzugehen. Das Hauptaugenmerk liegt dabei auf studiogebundenen Produktionen im Livebetrieb, in welchen die optimale Behandlung von Havariefällen besonders wichtig ist.

4.1.1 Herkömmliche Fernsehproduktion

Ein wesentliches Merkmal der herkömmlichen Fernsehproduktion sind die analogen und z.T. auch digitalen Geräte (MAZen, Kameras, Bildmischer etc.), die extra für den Broadcast-Bereich entwickelt wurden und nur dort Anwendung finden. Der Workflow gestaltet sich überwiegend linear. Soll eine parallele Abarbeitung mehrerer Arbeitsschritte erfolgen, werden weitere Materialkopien benötigt, die zusätzliche Kosten verursachen. Der Transport von Audio und Video erfolgt entweder über Videobänder oder unkomprimiert und synchron zu einem Studiotakt über analoge oder digitale Schnittstellen. Die Signale laufen unidirektional über reine Punkt-zu-Punkt-Verbindungen, die vor der Übertragung über Kreuzschienen geschaltet werden müssen. Für jedes Audio- oder Videosignal ist eine eigene Verbindung notwendig. Metadaten, d.h. jegliche Zusatzinformationen zu Bild und Ton wie Schnittlisten, Informationen über den Urheber usw. werden manuell und in Papierform übertragen.[1]

4.1.2 IT-basierte Fernsehproduktion

„Der Begriff IT, also Informationstechnik, definiert sich als alle Arbeiten, die im Zusammenhang mit digitaler Informationsverarbeitung und -management stehen."[2] In der IT-basierten Fernsehproduktion werden Video, Audio und Metadaten in Form digitaler Information verarbeitet. Ein häufig verwendetes Synonym ist die *bandlose oder auch filebasierte Fernsehproduktion*.

---

1 Vgl. [WS03] und [HH04].
2 Quelle: [HH04].

4.1.2.1 Technische Konvergenz

Das Verschmelzen der herkömmlichen Technik mit der IT wird allgemein als technische Konvergenz bezeichnet.[3] Im Hörfunkbereich ist dieser Prozess aufgrund des kleineren Marktvolumens und der geringeren Datenraten wesentlich leiser und schneller vonstatten gegangen.[4]

Die technische Konvergenz begann mit dem Einsatz von Standard-PCs im Broadcast-Bereich in den frühen 90er Jahren[5] und wurde durch die stückweise Umstellung von MAZen, Mischern und Effektgeräten auf digitale Verfahren fortgeführt, ohne dass es zu einer bedeutsamen Änderung der Workflows kam. Mit der rasanten Erhöhung der Rechenleistung folgten Nonlineare Schnittsysteme (NLE) und verschiedene vernetzte Lösungen. Seit einigen Jahren werden komplett digitale Gesamtsysteme geplant und umgesetzt, die sich jedoch größtenteils noch in der Erprobungsphase befinden.[6] Stark integrierte und IT-basierte Lösungen kommen bisher nur in Nachrichtenproduktionen zum Einsatz. Es hat sich gezeigt, dass durch diese Entwicklung zum Teil gravierende Änderungen der Workflows und neue Überlegungen zur Betriebssicherheit nötig werden.[7]

Nicht alle mit diesem Prozess verbundenen Hoffnungen haben sich als haltbar erwiesen; So waren z.B. keine wesentlichen Kosteneinsparungen zu erreichen. Die Chancen liegen in den besseren technischen Möglichkeiten, in der Optimierung von Workflows, in einem höheren Programmausstoß durch den verbesserten, ortsunabhängigen Zugriff auf vorhandenes und eingehendes Bildmaterial und eine vereinfachte Mehrfachnutzung und in der besseren Qualität durch den Wegfall unterschiedlicher Datei- und Aufzeichnungsformate.[8] Es ist zu erwarten, dass die IT-Systeme noch schneller und besser werden,[9] so dass spezifische Broadcast-Hardware und Rundfunk orientierte Dateiformate nur noch eine untergeordnete Rolle spielen und MAZen komplett aus der Aquisition verschwinden werden.[10] Die Herausforderung besteht darin, viele manuelle Prozesse zu automatisieren.[11]

---

3 Vgl. [SS02a].
4 Vgl. [HK04].
5 Vgl. [Eck03].
6 Vgl. [WS03] und [KS04].
7 Vgl. [WS03].
8 Vgl. [SS02b].
9 Das Moor'sche Gesetz gilt noch immer; demnach verdoppelt sich innerhalb von 18 Monaten die Rechenleistung von IT-Systemen.
10 Vgl. [HK04].
11 Vgl. [Brag03].

4.1.2.2 Merkmale der IT-basierten Fernsehproduktion

In der bandlosen Produktion liegen alle Daten digital vor und lassen sich linear oder nonlinear verarbeiten; die Speicherung erfolgt auf nonlinearen Speichern wie Festplatten und, zur Sicherung bzw. Archivierung, auf linearen Datenbändern.[12] Alle Assetkomponenten können an verschiedenen Orten gespeichert werden und lassen sich durch die *Unified Material ID* (UMID) wieder zusammenführen (siehe **Abbildung 4.1**). Dieses System lässt eine kontinuierliche Weiterverarbeitung von Metadaten und somit eine Vererbung von Daten zu.[13]

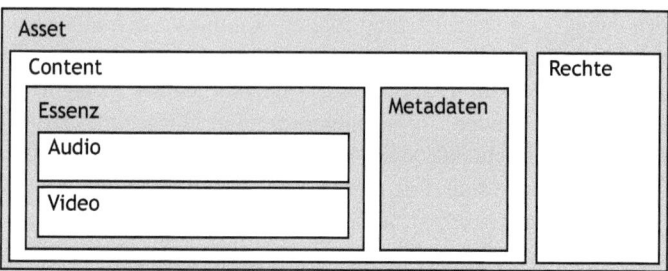

Abbildung 4.1: Zusammensetzung von Asset

Die Übertragung der Daten erfolgt bandlos über heterogene, universell einsetzbare Netzwerke, wobei die Bandbreite einer physikalischen Leitung für die Kommunikation mehrerer Rechner auf mehrere Übertragungskanäle aufgeteilt werden kann.[14] In IT-Netzwerken ist zu unterscheiden zwischen verbindungsloser, Datei basierter und verbindungsorientierter, gestreamter Kommunikation.[15] Durch die filebasierte Kommunikation mit Fehlererkennung wird eine Übertragung „faster than realtime" und ein paralleler Zugriff auf die Daten möglich, so dass ohne Qualitätsverlust schneller und aktueller produziert werden kann.[16] Es ist zu erwarten, dass die IT-Netzwerke mit vernetzten Serverlösungen die SDI-Infrastruktur mit MAZen auf lange Sicht vollständig ablösen.[17]

Viele Funktionen werden durch Software zur Verfügung gestellt, die Bedeutung dedizierter Hardware tritt immer weiter in den Hintergrund und wird zusehends durch IT-Standardkomponenten ersetzt. Durch die damit verbundene, er-

---
12 Vgl. [Hoff02].
13 Vgl. [Hof03].
14 Vgl. [Wil04], [HH04] und [Hoff02].
15 Vgl. [HH04].
16 Vgl. [WS03] und [Ste04].
17 Vgl. [Hoff02].

4.1 Überblick Fernsehproduktion

höhte Kompatibilität wird der Einfluss der nicht Broadcast-typischen Industrie auf die professionelle Fernsehwelt immer größer.[18]

4.1.3 Nichtfunktionale Anforderungen

Jede technische Innovation muss daran gemessen werden, ob sie „Produktions- und redaktionelle Arbeitsprozesse fördert, Kreativität unterstützt und neue Programmideen realisieren hilft, oder ob sie Produktions- und Programmmitarbeiter belastet, von ihren Kernkompetenzen ablenkt und damit bei der Realisierung des Unternehmensziels eher Störungen verursacht."[19]

Die an ein IT-basiertes Fernsehproduktionssystem gestellten Forderungen sind entsprechend hoch: Zum einen muss ein solches System seine Investition wert sein, indem es die umfangreichen Möglichkeiten der IT weitestgehend ausnutzt, zum anderen muss ein solches System mindestens ebenso sicher und zuverlässig laufen, wie bisherige Fernsehproduktionssysteme. Obwohl viele der Forderungen wie die nach Stabilität und Performance mit denen herkömmlicher Produktionssysteme übereinstimmen, bedeutet ihre Erfüllung für IT-basierte Produktionsumgebungen eine besondere Herausforderung, da die verwendeten IT-Komponenten nicht explizit für die Fernsehproduktion entwickelt wurden.

4.1.3.1 Stabilität

Die wichtigste Anforderung ist die nach einer hohen Systemverfügbarkeit und kontinuierlicher Leistungsfähigkeit, mit anderen Worten die Forderung nach *Havariesicherheit*. Updates und Upgrades von Hard- und Software müssen im laufenden Betrieb erfolgen können, ohne dass es zu einer Einschränkung der Funktionalitäten kommt.[20] Eine hohe Ausfallsicherheit wird um so wichtiger, weil durch die umfassende Vernetzung ein großer Personenkreis gleichzeitig und zeitnah die selben Daten und Systeme nutzen muss.[21]

Um eine gewisse Stabilität gewährleisten zu können, wird in der Praxis der vermehrte Einsatz erprobter und zertifizierter Standard-IT-Hardware angestrebt. Dedizierte Hardware ist immer eine potentielle Schwachstelle.[22] Es hat sich gezeigt, dass neue Systeme nach einer gewissen Optimierungsphase weitestgehend havariefest werden. Die Schwierigkeit bei Softwareanwendungen liegt allerdings darin,

---

18 Vgl. [Hoff02].
19 Quelle: [Dei04], S.81.
20 Vgl. [WS03] und [BH04].
21 Vgl. [Dwy04].
22 Vgl. [WS03] und [BH04].

dass bei jedem Update unerwartet Fehler auftreten können und es unter Umständen erneut einer Optimierungsphase bedarf.

4.1.3.2 Performance

„*Bei der Produktion von Fernsehnachrichten kommt es darauf an, mit den Video-, Audio- und Text-Informationen in kürzester Zeit einen Beitrag zu erstellen.*"[23] Wichtig ist, dass alle die eigentliche Produktion unterstützenden Prozesse wie Einspielen, Loggen, Materialtransport, Rendering etc. in möglichst kurzer Zeit vonstatten gehen. Die Verarbeitung von Video erfordert den unterbrechungsfreien Umgang in Echtzeit bzw. schneller als in Echtzeit mit sehr großen Datenmengen. Dazu sind Netzwerke mit hohen Bandbreiten (siehe 4.1.3.4) und Systeme mit hohen Rechenleistungen notwendig. Um eine weitere Effizienzsteigerung zu erreichen, ist abzuwägen, welche Arbeiten, z.B. das Browsing, auf Daten reduzierter Ebene erfolgen können.[24] Die Vielfalt der Datenformate erfordert zusätzlich ein hohes Maß an Flexibilität bei der Datenverarbeitung: z.B. werden Metadaten in sehr kleinen Dateien, Videos dagegen in sehr großen Dateien gespeichert; eine Optimierung auf eine Variante ist nicht ausreichend. Der Zugriff auf Videomaterial muss auf den Frame genau und unabhängig von der Dateigröße erfolgen und es muss eine sehr hohe Anzahl von Schnitten möglich sein.

Für den Workflow bedeutet die Forderung nach Performance einen möglichst hohen Grad an Automation.[25] Dazu gehört, dass Prozesse wie Ein- und Ausspielvorgänge auf ein Minimum reduziert werden[26] und ein gleichzeitiger Zugriff in Echtzeit möglich ist. Logging, das Erstellen von Browsekopien und ein großer Teil des Materialtransportes können automatisch erfolgen und Metadaten sollten komplett maschinell und teilautomatisiert bearbeitet werden, so dass ein zügiger und ungehinderter Material- und Informationsfluss gewährleistet ist.[27] Zur Bestimmung der Anforderungen müssen sowohl die Gesamtperformance des Fernsehproduktionssystems als auch die Performance der Einzelsysteme betrachtet werden.[28]

Zwar wird die IT immer performanter, doch hat sich gezeigt, dass IT-Systeme sehr häufig an den vielfältigen Nutzungsbedürfnissen scheitern. Experten fordern deshalb unbedingt Erfahrungen im Broadcast-Bereich auf Seiten der Hersteller.[29] Große Hersteller wie AVID und QUANTEL setzen weiterhin auf eigene Beschleu-

---

23 Quelle: [RK03].
24 Vgl. [WS03] und [Wil04].
25 Vgl. [Hoff02].
26 Vgl. [BH04].
27 Vgl. [HT04].
28 Vgl. [Hoff02].
29 Experteninterviews, siehe Anhang A.5.1.

nigerhardware, obwohl die Anwendungen theoretisch auch rein Software basiert laufen würden.[30]

4.1.3.3 Qualität

Ziel ist die Produktion einer Sendung in der höchstmöglichen Qualität. Durch die Verwendung mehrerer der vielen verfügbaren Formate zur Speicherung und Komprimierung von Audio und Video kommt es bei der Umwandlung zu einer Beeinträchtigung der Bildqualität. Diese Umwandlung wird als Medienbruch[31] bezeichnet. Bei der Produktion mit einem IT-basierten System sollte Ziel sein, möglichst wenige Medienbrüche in die Produktionskette einzubauen. Medienbrüche sind nur an solchen Stellen zulässig, wo es nicht zur Verschlechterung des Endproduktes kommt.

Das Bewusstsein für diese Problematik ist auf Seiten der Hersteller und Sender vorhanden und es wird versucht, die Zahl der Medienbrüche gering zu halten. Beim DPA des ZDF kommt es nur noch beim Ingestvorgang und bei der Sendung des Beitrages zu Medienbrüchen, innerhalb des DPA erfolgt keine Wandlung des Materials. Allerdings werden Medienbrüche nicht bei allen Produktionssystemen so konsequent vermieden.

4.1.3.4 Vernetzung

Lokal Area Networks (LAN) sind in IT-basierten Systemen zentrales Bindeglied zwischen allen Systemen. Mit der Vernetzung der Einzelsysteme kommt es gleichzeitig zu einer Vernetzung der Workflows.[32] Da bei der Übertragung von digitalem Video enorme Datenmengen anfallen, müssen Netzwerke in der Fernsehproduktion besonders hohen Anforderungen gerecht werden. Es muss sichergestellt werden, dass für die Sendung wichtige Beiträge nicht von weniger wichtigen Übertragungen gestört werden.[33] Hierbei hilft das *Quality of Service* (QoS) mit einem intelligenten Bandbreitenmanagement. Darüber hinaus sollten alle sendewichtigen Bereiche vom übrigen Netzwerk getrennt werden.[34] Sinnvoll ist eine bewusste physikalische Aufteilung in mehrere Subnetze unter Berücksichtigung der speziellen Anforderungen der jeweiligen Nutzerkreise bezüglich Performance, Sicherheit und Zugriff auf externe Informationen. Eine mögliche Aufteilung ist:[35]

---

30 Vgl. [GVM03], Seite 1.
31 Qualitätsminderung durch Generationsverlust bzw. Kaskadierung bei der Umcodierung.
32 Vgl. [Dei04].
33 Vgl. [SS02a].
34 Vgl. [HT04].
35 Vgl. [Dei04], [GF04] und [SS02a].

- *allgemeines LAN* mit Anbindung ans Internet für z.b. die Recherche
- *Steuer-LAN* für Mediamanagement und Ausspielsteuerung
- *Schnitt-LAN* mit Storage Area Network (SAN) für Schnittsysteme
- *Server-LAN* für die in der Produktion erforderlichen Dateitransfers
- *Wide Area Networks* (WAN) zum regionalen Programmaustausch

Fast alle Übertragungssysteme sind durch Dateitransfer zu ersetzen, ausgenommen die Bereiche, in denen eine Echtzeitübertragung vonnöten ist. Hier kommen Streamingtechnologien zum Einsatz.[36] Für die Phase der Umstellung auf ein IT-basiertes System sind Schnittstellen zu herkömmlicher Broadcast-Technik wichtig, an denen die Nutzsignale aus der Signalebene in Dateiformate überführt werden können.[37] Bei der Dimensionierung der verschiedenen Netzwerke ist zu berücksichtigen, wie viele Videodatenströme gleichzeitig, unterbrechungsfrei und in Echtzeit aufgezeichnet bzw. wiedergegeben werden können, welcher Dateitransfer zwischen den Servern stattfindet und welche Kapazitäten die angeschlossenen Server und Festplatten-Arrays aufweisen müssen.[38]

Derzeit am interessantesten für die Fernsehproduktion sind FibreChannel (FC) und Gbit-Ethernet. Gbit-Ethernet hat den Vorteil, dass bestehende Netzwerkstrukturen mit Datenraten bis zu 1 Gbit/s weiterhin genutzt werden können. Allerdings wird Ethernet meist von sehr vielen Diensten zu Datenübertragung genutzt und bietet kein echtes QoS. FC schafft derzeit 1-2 Gbit/s und soll künftig bis zu 10 Gbit/s bewältigen können, es ist jedoch teurer. Es ist jedoch zu erwarten, dass aufgrund des besseren Bandbreite-Kosten-Verhältnisses FC in den Produktionsnetzwerken dominieren wird.

4.1.3.5 Modularität

Um eine höchstmögliche Interoperabilität und Kompatibilität zu gewährleisten, wird gefordert, dass IT-basierte Fernsehproduktionen, wie im EBU/SMPTE Studioreferenzmodell (siehe **Abbildung 4.2**) vorgesehen, horizontal und stark modular aufgebaut werden.[39]

Erst der modulare Aufbau ermöglicht die Integration von IT und die phasenweise Umstellung auf die IT-basierte Produktion und bietet den nötigen Freiraum, Einzelsysteme oder Gruppierungen im Gesamtsystem zu ersetzen und das System beliebig um weitere Module zu ergänzen. Das System kann so im Großen oder

---

36 Vgl. [HT04].
37 Vgl. [GF04].
38 Vgl. [GF04].
39 Vgl. [Hoff02] und [WS03].

4.1 Überblick Fernsehproduktion

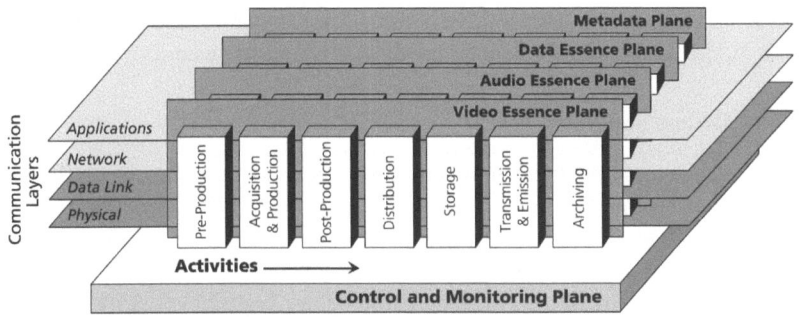

Abbildung 4.2: EBU/SMTP Studioreferenzmodell (Quelle: [Wei98])

Kleinen, ganz oder teilweise, im stationären und gegebenenfalls auch im mobilen Betrieb eingesetzt werden, ohne dass die Produktionsproblematik in Frage gestellt werden muss.[40] Ein bestehendes System, in welchem mehrere Module über „Peer-to-Peer-Verbindungen miteinander kommunizieren, ist zuverlässiger und flexibler als ein einziges, großes Gesamtsystem."[41] So können einzelne noch nicht erprobte Module ausgetauscht oder ergänzt werden, ohne dass dadurch die Funktion des Gesamtsystems gefährdet wird. Dieses Konzept ist Grundlage für die nötige Betriebssicherheit und viele bewährte Havariestrategien.

Es ist anzustreben, ein heterogenes Produktionssystem aus allgemein verfügbaren Produkten und Standardbaugruppen zusammenzustellen, das horizontal über standardisierte Schnittstellen miteinander kommuniziert und in welchem die Einzelsysteme voneinander entkoppelt werden. Es muss problemlos möglich sein, auch eigene und gegebenenfalls inkompatible Produkte oder Lösungen in das System zu integrieren.[42] Angenehmer Nebeneffekt einer modularen Bauweise ist, dass multifunktional einsetzbare Systemkomponenten kostengünstiger sind als die Erweiterung großer Gesamtsysteme.[43] Für Software basierte Systeme bedeutet Modularität zusätzlich, dass diese unabhängig von Medien, Formaten, Sprachen, Betriebssystemen und Plattformen entwickelt werden. Dadurch wird sichergestellt, dass neue Formate, Applikationen oder Funktionen leicht und unkompliziert integriert werden können.[44]

---

40 Vgl. [HT04].
41 Quelle: [WS03].
42 Vgl. [HT04] und [Dwy04].
43 Vgl. [Wil04].
44 Vgl. [WS03].

Leider verfolgen viele Hersteller das Ziel, ihre Kunden in eine gewisse Abhängigkeit zu drängen, und berücksichtigen diese Ansicht nur wenig.

4.1.3.6 Offene Standards

Damit ein System modular zusammengesetzt werden kann, bedarf es der Verwendung offener, standardisierter Schnittstellen und weit verbreiteter Normen. Die Kommunikation über herstellerspezifische Formate ist kostenspielig, fehleranfällig und bietet oft nicht die hinreichende Kompatibilität zu Produkten anderer Hersteller. Diese Forderung setzt die Zusammenarbeit einer Vielzahl von Soft- und Hardwareherstellern und die ständige Weiterentwicklung der Standards voraus. Wird sie erfüllt, können Fernsehproduktionssysteme optimal und flexibel auf die Bedürfnisse der Anwender zugeschnitten werden.

Es sind bereits einige Standards und offene Schnittstellen für Broadcast-Anwendungen realisiert worden. Weitere befinden sich in der Entwicklung. Als sehr bedeutendes Datenaustauschformat ist hier MXF zu nennen, als offene Schnittstellen stehen z.B. IDL, J2EE und CORBA zur Verfügung. Die Übertragung über diese Schnittstellen und Übertragungsstandards wird teils noch angestrebt, ist zum Teil aber auch schon realisiert. Die vorhandenen Standards werden bislang allerdings nur zögerlich eingesetzt, da sie sich noch nicht bewährt haben.[45] Hinzu kommt, dass der Einsatz von Standards auf der Entwicklerseite mangelnde Freiheit durch einen begrenzten Funktionsumfang mit sich bringt.[46] Um weiterhin maßgeschneiderte Lösungen realisieren zu können, kommt es und wird es allerdings immer wieder zur Verwendung proprietärer Formate kommen, die nicht oder nur zum Teil an Standards ausgerichtet sind.

4.1.3.7 Usability & Support

Von einem IT-basierten Fernsehproduktionssystem wird erwartet, dass es mit einer intuitiv bedienbaren graphischen Oberfläche (GUI) daher kommt. Ein einheitliches Aussehen erleichtert dabei den Umstieg auf andere bzw. ähnliche Anwendungen.[47] Ebenso sollte auch die Hardware unkompliziert zu bedienen und die technischen Strukturen sollten übersichtlich gestaltet sein.[48] In jedem Fall werden Inhouse-Spezialisten gebraucht, die sowohl den Umgang mit herkömmlicher Broadcast-Technologie als auch den Umgang mit der IT beherrschen müssen. Ein klare Personalstrategie und Schulungen der Mitarbeiter sind unerlässlich. Durch

---

45 Vgl. [WS03].
46 Vgl. [BH04].
47 Vgl. [RK03] und [Dwy04].
48 Vgl. [BH04] und [HT04].

die Komplexität der IT-Systeme und den damit verbundenen Tücken ist zusätzlich ein spezialisierter Support mit akzeptablen Reaktionszeiten notwendig, wie es ihn in dieser Form im Broadcast-Bereich noch nicht gegeben hat.[49]

4.1.3.8 Weitere Anforderungen

Neben diesen wesentlichen Anforderungen gibt es diverse andere. Mit dem steigenden Softwareaufwand sind klare Richtlinien zu Pflege, Updates, Kosten und Lebensdauer von Software notwendig. Software muss eine hohe Änderungsfreundlichkeit aufweisen und sollte in unterschiedlichen Varianten verfügbar sein.[50] Da bisherige Modelle auf die IT-basierten Systeme nur schlecht anwendbar sind und keine erprobten Konzepte zur Beherrschung möglicher Risiken existieren, müssen neue, angepasste Havarie- und Supportstrategien entwickelt werden. Besonders wichtig dabei ist, dass komplexe Systeme so geplant werden, dass kein „single point of failure" existiert, dessen Ausfall das komplette System lahmlegen würde.

Die Entwicklung eines IT-basierten Produktionssystems darf nicht stillstehen: es sollte heterogen gestaltet sein und mehrere technologische Ansätze verfolgen, so dass es den Anschluss an Neuentwicklungen nicht verliert. Darüber hinaus sind regelmäßigen die Systemanforderungen zu überprüfen.

4.2 Risikominimierung

Die existierenden Lösungen für die vernetzte Fernsehproduktion arbeiten zunehmend zuverlässiger, „dennoch ist mit der Entscheidung für ein vernetztes digitales Fernsehproduktionssystem [..] noch ein Risiko verbunden. Wer sich heute für ein System entscheidet ist immer noch Pionier."[51] Der aktuelle Grad der Digitalisierung führt dazu, dass die IT in der Produktion bereits zu den sendekritischen Systemen gehört.[52] Ziel bei Planung und Bau solche Systeme muss immer sein, Fehler, die zu Havarien führen können, gar nicht erst auftreten zu lassen.

4.2.1 Risiken aus der Systementwicklung

War in der analogen Broadcastwelt die Verfügbarkeit der Hardware das größte Risiko, so ist in der bandlosen Produktion eine starke Verschiebung hin zu Software-

---

49 Vgl. [WS03], [Hoff02], [HT04] und J. PANKOW, A.5.1.
50 Vgl. [WS03] und [RK03].
51 Quelle: [HK04], S.79.
52 Vgl. [Dei04].

risiken festzustellen, die IT-Hardware läuft in der Regel stabil.[53] Weitere Probleme entstehen durch die zunehmende Vernetzung.

Die *Risiken durch die Software* liegen in der Natur der Softwareentwicklung: Statistiken zeigen, dass in 1000 Quellcodezeilen 0,5 bis 7 Fehler vorhanden sind, von denen lediglich ca. 50% im ersten Betriebsjahr entdeckt werden. Da Updates in der Regel neben der Fehlerbehebung auch neue Funktionen mit sich bringen, um den sich ständig ändernden Anforderungen gerecht zu werden, birgt jedes Update in sich ein neues Risiko.[54] Der Updateprozess selbst kann überdies das laufende System zu einer Pause zwingen.[55] Anwender und Systemhäuser stehen gleichermaßen vor dem Dilemma, einerseits neue und innovative Technik und andererseits erprobte und relative ausfallsichere Technik einsetzen zu wollen. Während die Entscheidungszyklen für neue Technik immer länger werden, entwickelt sich die Technik immer schneller weiter und der Reinvestionszyklus ist mit drei Jahren wesentlich geringer als bei der herkömmlichen Technik mit acht Jahren. Arbeitsabläufe werden allerdings erst nach einer gewissen Zeit effizient; dieser Zeitpunkt wird daher immer schwerer erreicht.[56] Eine besondere Schwierigkeit bei Soft- und Hardwareentwicklung liegt in den *Schnittstellen*. Bislang stehen nur wenige standardisierte Schnittstellen mit z.T. unvollständigen Normen zur Verfügung, und viele Schnittstellen sind stark proprietär entwickelt, um die Performance nicht zu gefährden. Jede nicht standardisierte Schnittstelle ist ein Risiko, da die korrekte Kommunikation nicht gewährleistet werden kann. In einem Netzwerk kann das schnell zu einer nicht überschaubaren Fehlerfortpflanzung führen.[57] In diesem Falle hilft auch Redundanz nicht weiter, da ein redundantes System im Havariefall genau den selben Fehler aufweisen kann.

Ein weiterer Risikobereich besteht in der *Kapazitäts- und Ressourcenplanung*. Werden zum Beispiel fehlende Kapazitäten an Bandbreite, Rechenleistung oder Speicherplatz nicht rechtzeitig erkannt und behoben, kann es schnell zu Engpässen und Instabilitäten kommen. Ursache dafür kann sein, dass bestimmte Ressourcen nicht korrekt zur Verfügung gestellt werden, der Rechner dadurch überlastet wird und es zu inakzeptablen Reaktionszeiten kommt, die sich schnell über mehrere vernetzte Systeme ausbreiten. Besonders bei Multitasking-Systemen, die mehrere Aufgaben gleichzeitig abarbeiten, kann ein fehlgeschlagener Prozess schnell andere Prozesse negativ beeinflussen,[58] wenn die Prioritäten bei der Abarbeitung nicht klar definiert sind und nicht ausreichend Rechenleistung zur Verfügung steht.

---

53 Vgl. [WS03].
54 Vgl. [WS03] und [Dei04].
55 Vgl. [BH04].
56 Vgl. [BH04] und [WS03].
57 Vgl. [WS03].
58 Vgl. [WS03].

4.2 Risikominimierung

Die aus der Systementwicklung resultierenden Risiken lassen sich durch die konsequente Anwendung der Systems Engineering Philosophie weitgehend in den Griff bekommen. So lassen sich Risiken durch den Einsatz bewährter Lösungsmuster beispielsweise in Form erprobter Softwaremodule reduzieren. Die verwendeten Lösungsansätze müssen die besonderen Anforderungen des Broadcast-Sektors berücksichtigen. Geeignete Testszenarien sorgen für ein schnelleres Auffinden und Beseitigen von Fehlern. Hierbei ist es ganz wichtig, die künftigen Anwender in den Testvorgang mit einzubeziehen.[59] Als besonders gefährlich hat sich das Einspielen von Updates auf sendekritische Systeme herausgestellt, da die Testszenarien von Herstellern fast nie mit den Bedingungen vor Ort übereinstimmen[60] und so oft unerwartete Komplikationen auftreten. Daher sollte die Anzahl der Hersteller und Schnittstellen möglichst gering gehalten werden. Wenn die finanzielle Situation es zulässt, empfiehlt es sich darüber hinaus, eigens Testsysteme einzurichten, auf denen Updates unter realen Bedingungen ausführlich getestet werden können. Läuft das Testsystem stabil, so kann es in den laufenden Prozess integriert werden. Das bisherige Produktionssystem wird zum neuen Testsystem. Dieses Rotationsprinzip ermöglicht eine sichere Umstellung im laufenden Betrieb.[61]

4.2.2 Risiken aus der Bedienung

Das *Risiko der fehlerhaften Bedienung* liegt vor allem an der Komplexität IT-basierter Systeme. Nach Meinung der Experten gehört dieses Risiko zu den Größten (siehe Anhang A.5.2.4). Die höhere Komplexität bietet zwar mehr kreativen Spielraum. Dadurch existieren aber auch wesentlich mehr Möglichkeiten, Einstellungen falsch vorzunehmen. Einige Anwender nutzen die Freiheit, eigene oder im Internet frei verfügbare Programme zu installieren, die nicht hinreichend auf die Zusammenarbeit mit den Produktionssystemen getestet wurden und dadurch die Stabilität gefährden. Das kann dazu führen, dass der Hersteller für Systeme mit fremder Software keine Gewährleistung übernimmt.

Wichtigste *Maßnahmen gegen die fehlerhafter Bedienung* sind Einweisungen und umfangreiche Schulungen am System, idealerweise in einem vorher geplanten Testlauf. Es bietet sich an, die Mitarbeiter je nach Tätigkeit auf ein bestimmtes Supportlevel zu schulen, so dass immer jemand im Hause ist, der weiterhelfen kann. Bei komplexeren Problem helfen Wartungsverträge und abgestufte Service-Level-Agreements (SLA) mit einer umfassenden technischen Betreuung. Um die

---
59 Vgl. [WS03].
60 Bei Fernsehproduktionssystemen handelt es sich fast immer um proprietäre, auf die individuellen Bedürfnisse des Senders angepasste Lösungen.
61 Das ZDF hat daher im DPA-System 3 Avid Unity in Betrieb, Unity-1 im laufenden Betrieb, Unity-2 als Failover-System und Unity-3 für Testzwecke. Siehe 7.2.2.

Gefährdung der Systemstabilität durch nicht getestete Programme zu unterbinden, bedarf es klarer Zugangsbeschränkungen, die definieren, wer welche Programme benutzen und wer neue Programme installieren darf. Bei besonders wichtigen Anwendungen sollten auch bestimmte Funktionen und Einstellungen vom Supportlevel des Mitarbeiters abhängig gemacht werden.[62]

4.2.3 Risiken von außen

Ähnlich gravierende Auswirkungen wie die Fehlbedienung haben die Ausbreitung von Computerviren und *unauthorisierte Zugriffe von außen*. Durch die zunehmende Vernetzung haben es Viren leicht, sich auf den angeschlossenen Systemen auszubreiten und dort direkt Schaden anzurichten. Im gleichen Zuge bekommen Hacker die Möglichkeit, von außen auf Systeme und Daten zuzugreifen, Passwörter auszuspähen und Einstellungen zu verändern. Neben dem Risiko der Betriebsspionage besteht das große Risiko, dass die Performance des Gesamtsystems in sendekritischem Maße beeinträchtigt wird.

„Eine endgültige Absicherung zum Beispiel gegen Sabotage scheint nicht erreichbar, da dadurch in der Konsequenz das System praktisch unbedienbar wird."[63] Durch den Einsatz von Antivirus-Programmen, Software, die nach Spionageprogrammen Ausschau hält, Honeypots[64] und Firewalls kann jedoch die größte Gefahr gebannt werden. Darüber hinaus müssen Mitarbeiter für den Umgang mit fremden Daten z.B. aus eMail-Anhängen sensibilisiert werden.

4.3 Havariestrategien

„Grundsätzlich tritt eine Havariesituation ein, wenn durch Ausfall einer oder mehrerer Komponenten des Gesamtsystems vom Standardworkflow abgewichen werden muss."[65] *Havariestrategien sollen durch vorausschauende Planung bei der Bewältigung und Beseitigung helfen. „Das Havarieszenario ist die spontane Umgehung dieser Havarie."*[66]

Ein Beispiel für eine größere Havarie während einer Fernsehliveübertragung geschah beim Fussball-Bundesliga-Auftaktspiel am 6. August 2004 in Bremen. Vier

---

62 Vgl. [SS02b].
63 Quelle: [SS02b].
64 Honeypots sind Server, die vor einer Firewall installiert werden, aber keine kritischen Daten enthalten und durch Monitoringsoftware überwacht werden. Dringen Hacker auf einen solchen Server ein, wird dies umgehend gemeldet und ggf. der Zugang zum eigentlichen Netzwerk gesperrt. Vgl. [Cro03].
65 Quelle: [GF04].
66 Quelle: [PB04].

4.3 Havariestrategien

Minuten vor Spielbeginn fiel aufgrund einer defekten Kabelverbindung im gesamten Stadion der Strom aus, so dass alle Stadionlichter erloschen und auch keine Liveberichterstattung mehr möglich war. Die „Fernsehsender Premiere und ARD überbrückten die Pause mit Werbeclips, Fußballrückblicken und einer Unterhaltungsshow".[67] Spiel und Übertragung starteten mit etwas mehr als einer Stunde Verspätung.

Diese Havarie zeigt eindrucksvoll, wie wichtig geeignete Havariestrategien sind. Zwar hätte eine entsprechende Havarieabsicherung mit Stromgeneratoren nicht die fürs Spiel notwendige Beleuchtung im Stadion sicherstellen können, jedoch wäre es möglich gewesen, live vom Ort des Geschehens über den Ausfall zu berichten. So wurden die Fernsehzuschauer nicht informiert und mussten vermuten, dass das Spiel ohne sie begonnen hatte.

4.3.1 Prioritäten im Havariefall

Das primäre Ziel sind die „Absicherung des Programmauftrages in hoher technischer Qualität"[68] *und die „schnelle und problemlose Herstellung und störungsfreie Aussendung (attraktiven) Contents"*[69].

Im Umgang mit Havarien muss zuerst die verbindliche Entscheidung getroffen werden,[70] dass eine Havarie eingetreten ist. Anschließend ist zu klären, *welche Strategien* zur Kompensation notwendig sind, *was* zur Wiederherstellung zu tun ist und *wann* wieder Normalbetrieb gefahren werden kann. Die Prioritäten im Havariefall lassen sich dabei wie folgt zusammenfassen:[71]

- *Erfüllung des Programmauftrages:*
  Die Programmausstrahlung muss unterbrechungsfrei erfolgen und das Platzen einer Sendung ist in jedem Fall zu verhindern, d.h. „Probleme der Produktionstechnik sollen am Sendeausgang nicht wahrnehmbar sein"[72]. Die Wiederherstellung der defekten Systeme ist nur sekundäres Ziel.

- *Fehlerlokalisierung:*
  Bevor Havariemaßnahmen ergriffen werden, muss zumindest eine ungefähre Lokalisierung des Fehlers erfolgen, damit das richtige Havarieszenario zum Einsatz kommen kann.

---
67 Quelle: [RB04a].
68 Quelle: [Alt01].
69 Quelle: [WS03].
70 Dazu ist eine klare Informationskette erforderlich: wer hat die Entscheidung zu treffen und an wen müssen welche Informationen weitergeleitet werden.
71 Vgl. unter anderem [Alt01], [GF04], [HT04] und [WS03].
72 Quelle: [ZDF04].

- *Schnelle und unkomplizierte Aktivierung der Havarieszenarien:*
  Ein System darf nicht durch unzählige Havariemöglichkeiten aufgebläht werden, so dass das Betriebspersonal in der Lage ist, den gewohnten Workflow kurzfristig und effektiv durch einen alternativen Havarieworkflow zu ersetzen. Ein Havarieszenario sollte dabei nur ein begrenztes Umfeld betreffen.

- *Reduzierter Betrieb:*
  Die technischen und gestalterischen Ansprüche dürfen möglichst wenig eingeschränkt werden. Stehen bestimmte Ressourcen nicht mehr zur Verfügung, muss zumindest ein weniger komfortabler und reduzierter Betrieb möglich sein.

Die Sicherstellung dieser Punkte kann bereits im Voraus durch die Erfüllung der folgenden Anforderungen weitestgehend gewährleistet werden:

- *Zentrales Alarmmanagement:*
  Kritische Abweichungen von Systemparametern, die Umschaltung auf Failover-Systeme und Fehler sind an ein Überwachungssystem zu melden, damit der Schaden schnell erkannt und behoben werden kann.

- *Umfassende Automatisierung:*
  Die Umschaltung auf geräteinterne Redundanzen und Failover-Systeme sollte automatisch und möglichst in Echtzeit erfolgen.

Trotz der angestrebten umfassenden automatisierten Absicherung gegen Havariefälle muss der manuelle Eingriff jederzeit möglich bleiben, da automatische Eingriffe des System unter bestimmten Umständen unerwünscht sind, wie die Aufführung des Stückes „4:33" von JOHN CAGES zeigt, welches am 16. Januar 2004 erstmals von einem kompletten Orchester interpretiert und live von der BBC übertragen wurde. Dieses Stück besteht aus 273 Sekunden Stille.[73] Im Normalfall wird ein fehlendes Signal als Havarie betrachtet und bewirkt eine automatische Havarieumschaltung. Für die Liveübertragung musste dieser Mechanismus deaktiviert werden.

4.3.2 Havariedimensionen

Die Komplexität von Havarien wird überschaubarer, wenn man die Betrachtung in mehrere Dimensionen untergliedert. Der Fokus hier liegt auf den *technischen Havarien* senderelevanter Systeme. Zu diesen Dimensionen gehören:

---

73 Vgl. [Mi04].

4.3 Havariestrategien

- Komplexitätsebenen,
- Räumliche Aufteilungen,
- Havariestufen und
- Workflows.

4.3.2.1 Komplexitätsebenen

In dieser Dimension wird das System, angefangen bei der Senderfamilie und Sendern, über Funktionsbereiche und einzelne Anlagen, bis hin zu den Komponenten und Teilkomponenten einer Anlage, stufenweise modelliert (siehe **Abbildung 4.1**). Bei der Entwicklung konkreter Havariestrategien hat sich die Betrachtung der drei folgenden Stufen bewährt:

- *Hauptfunktions- und Funktionsbereiche*: Produktions- oder Sendebereiche und funktionale Einheiten innerhalb eines Bereiches

- *Anlagen und Anlagenteile*: In den Funktionsbereich integrierte technische und abgrenzbare Einheiten von Hard- und/oder Software

- *Komponenten und Komponententeile*: Baugruppen und deren Bauteile oder Softwareapplikationen und deren Softwaremodule

4.3.2.2 Räumliche Aufteilung

Bei der Konzeption von Havariestrategien nimmt man in Sendeanstalten und Produktionshäusern eine Differenzierung verschiedener Bereiche vor. Diese Einteilung dient vor allem der gestaffelten Absicherung der unterstützenden Systeme wie Strom und Klima nach Relevanz im Produktionsbetrieb (siehe 4.3.5.1). Beim MDR sieht diese Priorisierung der Räumlichkeiten wie folgt aus:[74]

- *Bereich 1* – Hauptschaltraum, SAW, ZGR, Signalübergaberaum
- *Bereich 2* – Regie News, Studio News, Bearbeitung News
- *Bereich 3* – weitere Produktionsräume

4.3.2.3 Havariestufen

Das 3-Stufen-Modell dient der eigentlichen Gestaltung einer Havariestrategie und findet sich in jeder anderen Dimension der Havariebetrachtung wieder:[75]

---

74 Vgl. [Alt01].
75 Vgl. [Alt01].

	Definition	Dekomposition	Beispiele
Sender-familie	Rundfunkanstalt oder Konzern mit organisatorischen Einheiten für lokale Sendegebiete		Zentraler Programm-austausch und Sendeabwicklung
Sender	Studios mit Betriebs-, Verwaltungs- und Redaktionsbereichen (auch Funkhaus, Studiokomplex)		Gesamte Betriebs-technik einer Rund-funkanstalt oder eines privaten Rundfunk-unternehmens
Haupt-funktions-bereich	Nach spezifischen Anforderungen konzipierte Produktions- und/oder Sendebereiche (Studios)		Redaktionssystem, Produktionssystem, Sendeabwicklungs-system als technische Ausrüstung eines Bereiches
Funktions-bereich	Funktionale Einheit innerhalb eines Haupt-funktionsbereiches		Bearbeitungsplätze als Produktionseinheit innerhalb der Postproduktion
Anlage	In Funktionsbereiche integrierte technische Einheit, Geräteeinheit		Schnittplatz mit peripherem Equipment
Anlagen-teil	Abgrenzbare Einheit von Hard- und/oder Software (Gerät, Softwarepaket)		PC mit Betriebssystem und Software für nonlinearen Schnitt
Komponente	Baugruppe und/oder Softwareapplikation		Mainboard, Videobrowsing
Teil-komponente	Bauteil und/oder Softwaremodul		Speicher, Bildschirmtreiber

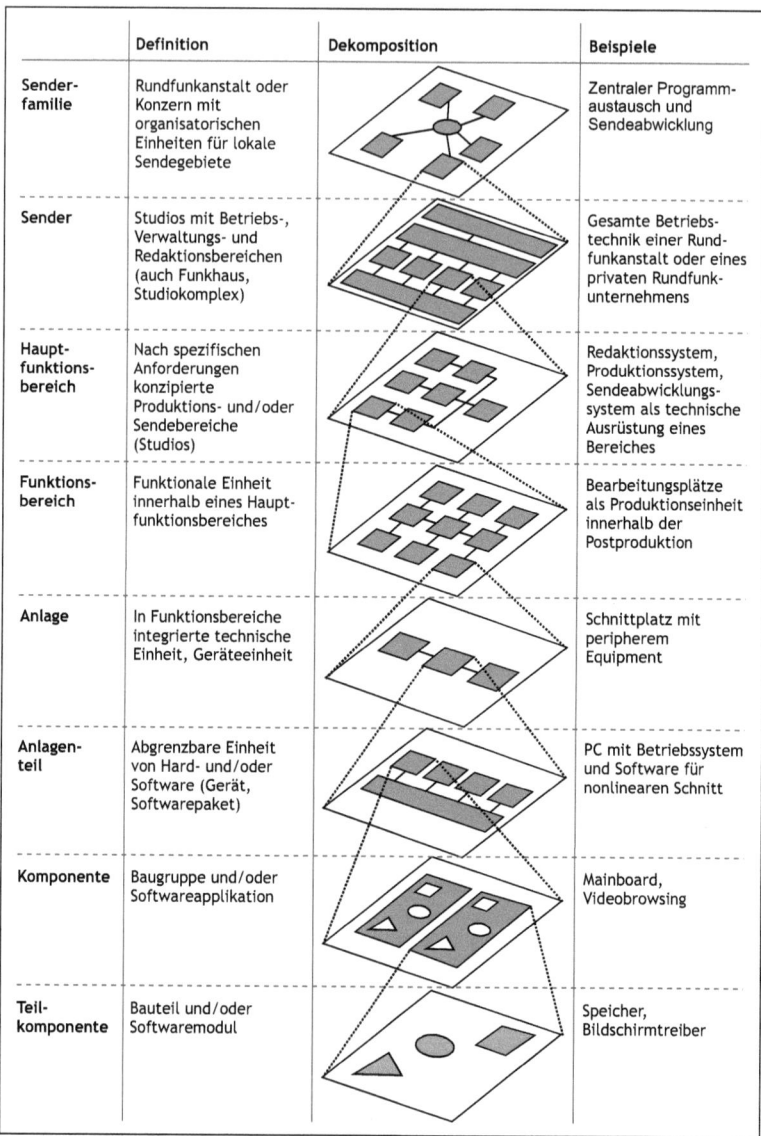

Tabelle 4.1: Komplexitätsebenen in Fernsehsystemen (Quelle: [EK04])

4.3 Havariestrategien

- *1. Stufe* – Normalbetrieb
- *2. Stufe* – 1. Havariestufe
- *3. Stufe* – 2. Havariestufe

Die erste Havariestufe ist durch leichte Einschränkungen der Funktionalität gekennzeichnet. Tritt die zweite Havariestufe in Kraft, ist mit zum Teil erheblichen Einschränkungen zu rechnen. In diesem Fall geht es primär darum, die Sendung zu retten. Besonders wichtige Sendesysteme sind gegebenenfalls mit weiteren Havariestufen abzusichern.

Standard	1. Stufe	2. Stufe
Speichermedien Video/Audio: Server und MAZen stehen für Aufzeichnung und Ausspielung von Video und Audio bereit.	*Intern:* Video und Audio: wechselseitiger Ersatz bei Ausfall einer Komponente (Serverersatz durch Kassette problematisch).	*Weitere Produktionsräume:* Live-Einspiel aus anderen Produktionsräumen.
FS-Netzwerk: Standardnutzung für Audio/Video/Graphik	*Infrastruktur:* Nutzung der AES-SDI-Leitungsverbindungen	*Bandtransport:* Kassettentransport („Turnschuhnetzwerk")
Sendegraphik: Standardbetrieb über Netzwerkverbund zwischen Regie und Graphikräumen	*Sendegraphik:* Signalführung über SDI bzw. Kassettentransport - zeitkritisch	*Bildmischer:* Nutzung der Flash/RAM-Kapazitäten des Bildmischers, eingeschränkte Auswahl - zeitkritisch

Tabelle 4.2: Exemplarisches 3-Stufen-Modell (Quelle: [Alt01])

4.3.2.4 Workflows

Neben dieser technischen Betrachtung lässt sich eine Einordnung in den Produktionsprozess anhand des Workflows vornehmen. Auf der obersten Ebene ist diese Unterteilung in *Preproduktion*, *Produktion*, *Postproduktion* und *Distribution* auf die Hauptfunktionsbereiche übertragbar (siehe Abbildungen 4.3[76] und 4.1). Diese Betrachtung kann bis auf die Ebene der Funktionsbereiche herunter gebrochen werden. Da die direkte Abbildung von Workflows auf Anlagen und deren Teile in der IT-basierten Fernsehproduktion oft nicht mehr möglich ist,[77] spielen in Hava-

---
76 Bei Nachrichten- und Livproduktionen ist zu beachten, dass der Workflow unter Umständen nicht so linear verläuft, wie in **Abbildung 4.3** dargestellt.
77 In der herkömmlichen Fernsehproduktion war die in dem meisten Fällen noch möglich.

riestrategien meist nur Workflows auf Hauptfunktions- und Funktionsebene eine Rolle (siehe 4.3.3.1).

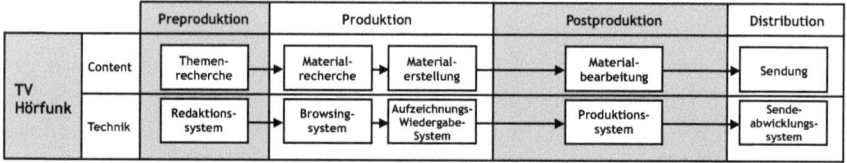

Abbildung 4.3: Rundfunkproduktionsprozess (Quelle: [KK04])

4.3.3 Lösungsansatz für ein übergreifendes Havariekonzept

Bei der Entwicklung von Havariekonzepten für IT-basierte Systeme hat sich die folgende Herangehensweise bewährt: Havarien, die ganze Hauptfunktionsbereiche oder Funktionsbereiche betreffen, lassen sich am besten durch alternative *Havarieworkflows* bewältigen, Havarien von Anlagen oder Anlagenteilen lassen sich durch *Failover-Systeme* kompensieren und Havariefälle von Komponenten und Komponententeilen können durch *geräteinterne Redundanzen* abgedeckt werden. Greifen die Maßnahmen einer Ebene nicht, so werden die Havariemaßnahmen der nächsthöheren Ebene aktiviert (siehe **Abbildung 4.4**).[78]

4.3.3.1 Havarieworkflows

Havarieworkflows werden immer dann notwendig, wenn die Kommunikation zwischen Hauptfunktionsbereichen nicht mehr funktioniert oder ein Hauptfunktionsbereich der Produktionskette ausfällt. Die Grundüberlegung dabei ist, dass das Material beim Sender ankommt, verarbeitet wird und zum Schluss gesendet werden soll. Dieser grobe Ablauf steht fest. Welchen Weg das Material dabei nimmt, ist unwichtig. Fallen beispielsweise Teile des Netzwerkes aus, so muss das Material dennoch in die Postproduktion und von dort aus auf den Sender gelangen. Der Transport muss dann manuell über MAZ-Bänder erfolgen. Ist damit verbunden, dass kein Zugriff auf den Browseserver mehr möglich ist, so müssen die Sichtung und der Grobschnitt komplett an das Editing-System verlagert werden. Mit dieser Veränderung sind zwar einige Einschränkungen verbunden, jedoch bleibt gewährleistet, dass die Beiträge am Ende gesendet werden können.

---

[78] So wird beispielsweise bei geräteinternen Redundanzen meist nur mit einer Havariestufe gearbeitet. Die zweite Havariestufe stellt dann die Absicherung durch ein Failover-System dar.

4.3 Havariestrategien   53

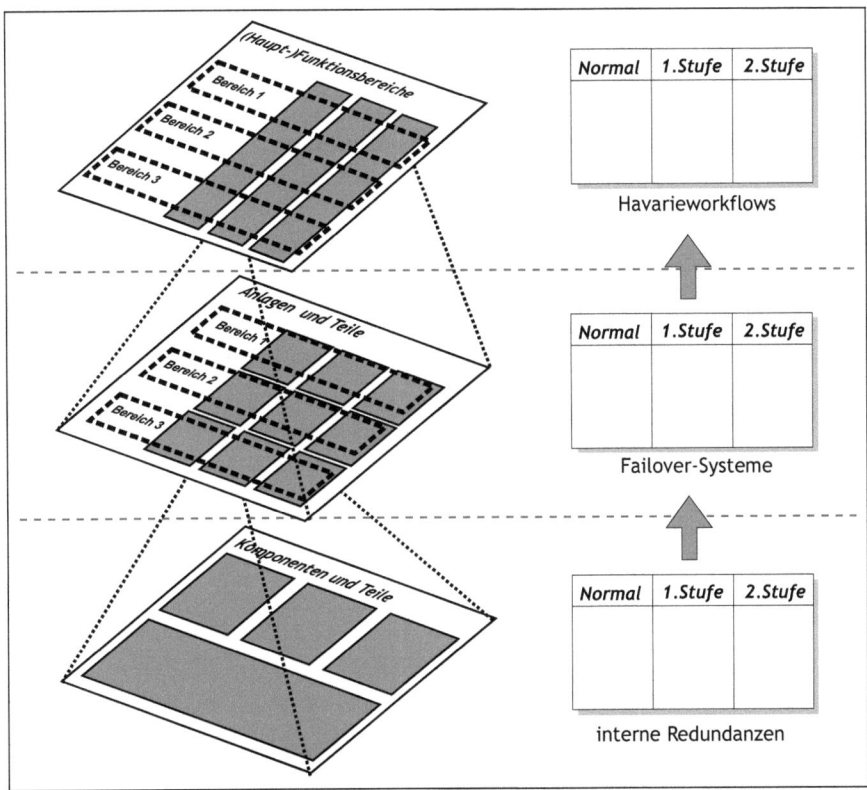

Abbildung 4.4: Technische Dimensionen von Havariekonzepten

Wenn es um die Wahl alternativer Lösungswege geht, wird bislang gern auf herkömmliche Produktionsmethoden mit Videobändern, MAZen und Kreuzschienen zurückgegriffen. Auf lange Sicht müssen jedoch Havarielösungen innerhalb des IT-basierten Bereiches gefunden werden.[79] Wichtig dabei ist, dass es sich bei der Havarielösung um eine vom normalen Betrieb unabhängige Kommunikationsplattform handelt.

---

79 Vgl. [HT04].

4.3.3.2 Failover-Systeme

Werden ganze Systeme redundant ausgeführt, so spricht man von Failover- oder auch Backup-Systemen. In der Fernsehproduktion wird diese Art der Reservekapazitätsvorhaltung in der Regel für alle sendewichtigen Systeme im Hauptkanal eingesetzt.[80] Dabei wird zwischen zwei Arten unterschieden:

- Beim *Hot Standby* läuft das Failover-System parallel zum aktiven System. Kommt es zu einer Havarie, so wird im laufenden Betrieb auf das Failover-System umgeschaltet. Dadurch ist eine quasi unterbrechungsfreie Umschaltung möglich.
  Hot Standby findet zum Beispiel Verwendung bei Ingest- und Playoutservern. Die Aufzeichnung bzw. das Ausspiel des Content erfolgt hierbei parallel durch zwei Server. Damit sind sowohl die Systeme als auch die Mediadaten abgesichert. Im Normalbetrieb steht dadurch die doppelte Bandbreite zur Verfügung, Wartungsarbeiten können im laufenden Betrieb durchgeführt werden. Bei Datenbank- und Browseservern erfolgt die Absicherung oft über sogenannte Clusterlösungen, das heisst die Daten werden redundant und verteilt gespeichert. Der Zugriff erfolgt über mehrere Server gleichzeitig. Fällt ein Server aus, so ist nur ein Cluster betroffen. Die Arbeit des ausgefallenen Servers kann durch einen oder mehrere andere Server übernommen werden.[81]

- *Cool Standby* bedeutet, dass das Failover-System erst im Havariefall in Betrieb genommen wird. Ein solches Failover-System benötigt eine gewisse Anlaufzeit, bis es betriebsbereit ist. Eine unterbrechungsfreie Umschaltung ist nicht möglich.
  Cool Standby wird bei weniger wichtigen Systemen eingesetzt. Doch auch hier gilt die Forderung, dass die Failover-Systeme innerhalb kürzester Zeit einsatzbereit sein müssen. Solche Failover-Systeme sind beispielsweise im NLE-Bereich üblich, zum Teil werden auch ganze Sendeabwicklungen oder Studios redundant ausgelegt. Diese Art von Reservekapazitäten steht während des Normalbetriebes z.B. für Schulungen bereit.

Die *Automatisierung* stellt beim aktuellen Entwicklungsstand ein großes Problem dar. Treten in Software basierten Systemen Fehler auf, so ist es nicht unwahrscheinlich, dass der selbe Fehler auch im Failover-System auftritt. Als Failover-Systeme kommen daher idealer Weise einfachere oder leicht modifizierte Systeme

---

80 Quelle: Interview mit JÖRG PANKOW, Vgl. A.5.1.
81 Vgl. [Ste04] und [Dwy04].

4.3 Havariestrategien 55

zum Einsatz, die in etwa den gleichen Funktionsumfang aufweisen. Ein weitere Maßnahme dieses Problem zu umgehen, ist die Vorhaltung „leerer Failover-Systeme". Das Failover-System wird erst im Havariefall nur mit den relevanten Daten neu befüllt. Die Umschaltung erfolgt in solchen Fällen manuell. Eine Automatisierung solcher Mechanismen ist anzustreben.

Ein weiterer wichtiger Aspekt, ist die *Datensicherheit*. Hierfür existieren in der IT erprobte Mechanismen, um in regelmäßigen Abständen Datenbanken oder Images ganzer Festplatten zu sichern und zu archivieren (Backup). Diese dienen im Havariefall dazu, verlorene Daten wiederherzustellen oder ganze Systeme schnell in ihren Ausgangszustand zu versetzen. Die existierenden Strategien zur Datensicherung haben sich auch in der Fernsehproduktion bewährt.[82] Daher spielt die Datensicherung bei der Entwicklung von Havariestrategien nur eine untergeordnete Rolle.

4.3.3.3 Interne Redundanzen

Unter (geräte-)interne Redundanzen fällt die doppelte oder mehrfache Auslegung aller kritischen und anfälligeren Systemkomponenten. Dazu gehören zum Beispiel Netzteile, Lüfter, Netzwerkkarten und Prozessoren.[83] Diese Absicherung wird meist Hersteller seitig berücksichtigt. Fällt eine Systemkomponente aus, so kann die zweite Komponente die Funktion übernehmen. Diese Umschaltung erfolgt in den meisten Fällen in Echtzeit, damit die Funktion des Systems nicht gefährdet wird.[84] Damit das System nach dem Ausfall einer Komponente nicht ungeschützt bleibt, muss der Ausfall an ein Überwachungssystem gemeldet werden, so dass das fehlerhafte Element umgehend ausgetauscht und der Havarieschutz wiederhergestellt werden kann. Zusätzlich sollte eine ständige zentrale Überwachung aller Hardwarefunktionen inklusive der Temperatur möglich sein, so dass Probleme frühzeitig lokalisiert werden können (siehe 4.3.4).

Bei Festplatten werden für die redundante Auslegung verschiedene Strategien in Form sogenannter *RAID-Systeme* verfolgt. Im Broadcast-Bereich werden vor allem RAID-3 und RAID-5 verwendet: RAID-3 speichert die Daten verteilt über mehrere Festplatten, auf einer separaten Platte werden Paritätsdaten abgelegt. RAID-5 verfolgt den gleichen Ansatz, jedoch werden die Paritätsdaten über alle Festplatten verteilt.[85] In beiden Fällen können beim Ausfall einer Festplatte aus den Partitätsdaten die verlorenen Daten rekonstruiert werden. Alternativ dazu

---
82 In der Fernsehproduktion ist jedoch wichtig, dass an sendekritischen Punkten die Recovery-Zeiten möglichst gering gehalten werden.
83 Vgl. [SS02a] und [GF04].
84 Vgl. [HT04].
85 Vgl. [Cry04], http://www.cryer.co.uk/glossary/r/raid_level.htm.

kommt auch RAID-0 zum Einsatz. Dabei erfolgt eine komplette Spiegelung aller Daten.

4.3.4 Havariemonitoring

Die Menge und Komplexität der verwendeten Systeme macht eine möglichst einfache aber umfassende Überwachungsmöglichkeit aller Geräte erforderlich, damit die Administratoren bei Störungen und Ausfällen gezielt vorgehen können. Während es in einer herkömmlichen Produktionsumgebung ausgereicht hat, an verschiedenen Stellen Video- und Audiosignale sowie diverse Steuersignale messtechnisch zu überwachen, wird es in einer IT-basierten Umgebung notwendig, auch die Funktion der einzelnen Systeme zu überwachen. Von Interesse sind z.b. Füllstandsanzeigen für Speicher, Prozessorauslastung, Bandbreitenauslastung im Netzwerk aber auch bestimmte Hardwarefunktionen und Temperaturanzeigen in den Geräteräumen und in besonders empfindlichen Systemen.

Für das Monitoring komplexer Systemlandschaften existieren unterschiedliche Strategien:[86]

- *Lokales Monitoring* – Die Systeme überwachen ihre eigenen Funktionen und die Funktionen benachbarter Systeme, die einen direkten Einfluss auf die eigenen Funktionen haben. Wird eine Störung festgestellt, so wird ein Administrator per z.B. per eMail oder SMS über die Störung informiert.

- *Zentrales Monitoring* – Die Funktionen aller Systeme werden von einem zentralen Managementsystem regelmäßig abgefragt, so dass eine kontinuierliche und umfassende Überwachung möglich wird. Dazu kommt das TCP/IP-basierende Simple Network Management Protocol (SNMP) zum Einsatz. Ein zentrales Monitoring bildet die Grundlage für komplexe automatische Umschaltvorgänge im Havariefall.

Das Monitoring geschieht meist an gesonderten Arbeitsplätzen durch die Systemadministration. Die neuen, flexibel belegbaren Monitorwände mit Großdisplays sehen schon jetzt eine Havarieumschaltung vor, so dass im Havariefall die bestimmte Monitoring- und Umschaltfunktionen auch direkt aus der Regie heraus abgerufen werden können. Dazu können gehören: Fehlermeldungen, Diagramme, Messwert, statistische Fehlerkurven oder die Darstellung der Signalkette.[87] In der Regie beschränkt man sich beim Monitoring auf die relevanten und unbedingt notwendigen Informationen.

---

86 Vgl. [GF04], [Tau03] und [Pau02].
87 Vgl. [Tau03].

Im Bereich der Fernsehproduktion dient ein *Offenes Broadcast Management System* (OBMS) als zentrales Monitoring- und Steuerungstool, das speziell für IT-basierte Broadcastanwendungen ausgelegt ist und auf Basis von SNMP arbeitet.[88] Dieses Kommunikationsprotokoll hat sich als De-facto-Standard in der IT-Welt durchgesetzt. Es unterscheidet zwischen dem zu überwachenden „SNMP-Agent" und dem „SNMP-Manager". Der Manager kann über SNMP Daten des Agenten abfragen und Einstellungen ändern. Darüber hinaus hat der Agent die Möglichkeit, von sich aus bestimmte Werte, z.B. Fehlermeldungen, an den Manager zu übertragen. Die Identifizierung eines Gerätes erfolgt über einen „Objekt Identifier" (OID). In dem bewusst einfach gehaltenen Protokoll SNMP sind nur die Syntaxregeln definiert. Welche Informationen und Einstellungen an welchem Gerät abgerufen werden können, wird in Form von Management-Information-Bases (MIB) in einer Datenbank verwaltet. Neben den Standard-MIBs, welche die grundlegenden Einstellungen von IT-Geräten definieren, existieren für jedes Gerät herstellerspezifische private MIBs. Für Broadcast-Systeme existieren bislang jedoch nur wenige standardisierte private MIBs.

Weiterer Bestandteil eines OBMS ist ein *Netzwerk-Management-System*, welches der Darstellung aller SNMP-gemanagten Geräte im Netzwerk dient. Das OBMS integriert sowohl Standard-IT-Systeme als auch Broadcast-Systeme. Bislang existieren OBMS jedoch nur als Pilotsysteme wie z.B. das beim WDR eingesetzte „Signalcontrol EP200" von ERWIN PETERS SYSTEMTECHNIK[89]. Ein großes Problem beim Einsatz von OBMS besteht darin, dass bislang nur sehr wenige Hersteller von Broadcast-Technik SNMP implementiert haben.

4.3.5 Weiterführende Strategien

4.3.5.1 Strategien für unterstützende Systeme

Die Havariestrategien für unterstützende Systeme wie Haustechnik, Klimatechnik, Kommandoanlage und Studiobeleuchtung sind weitestgehend erprobt und werden an dieser Stelle am Beispiel des MDR erläutert:[90]

- *Elektroversorgung* – Die Absicherung erfolgt nach einem dreistufigen System und wird durch die Gebäudeleittechnik (GLT) überwacht und größten teils automatisch gesteuert. Die zentrale Stromversorgung erfolgt über zwei unabhängige Leitungen zum Elektroversorger. Für den Fall, dass beide Zuleitungen ausfallen, ist eine Netzersatzanlage (NEA) in der Lage, die

---

88 Vgl. [PJN04].
89 URL: http://www.epsystem.de/.
90 Vgl. [Alt01].

Stromversorgung zu übernehmen. Diese NEA besteht aus zwei unabhängigen Dieselaggregaten, die nach spätestens 20 Sekunden einsatzbereit sind. Für den Zeitraum bis zur kompletten Umschaltung wird für die sendewichtigen Systeme die Elektroversorgung mit USV-Anlagen sichergestellt. Durch die NEA werden nicht mehr alle Abnehmer sondern nur sendewichtige Systeme, die zentrale Datenverarbeitung, einige redaktionelle Schwerpunktbereiche sowie Notlicht und Rufsysteme versorgt. Das Studiolichts wird nach einer Prioritätenliste betrieben, da der Leistungsbedarf enorm hoch und die Kapazität der NEA begrenzt sind.

- *Klimatechnik* – Die Geräteräume werden über Luft gekühlte Druckböden und die Studios über eine „Stille Kühlung" mittels einer Vielzahl von Kühlkonvektoren klimatisiert. Die Klimatechnik ist ebenfalls an die NEA angeschlossen. Die Geräteräume sind entweder durch redundante Auslegung der Klimatruhen oder Leistungsreserven in einzelnen Geräten abgesichert. Hinzu kommt eine ständige Überwachung hinsichtlich Stromversorgung und Temperatur in der GLT-Zentrale.

- *Studiobeleuchtung* – In einem Studio sind Bereiche fest gelegt, welche die Arbeitsfähigkeit absichern. Bestimmte Teilausfälle lassen sich über den Abruf von Presets schnell kompensieren. Das Lichtsteuerpult ist redundant ausgelegt. Alternativ ist eine Fernsteuerung über Ethernet aus einem anderen Studio heraus möglich. Für den Ausfall von Einzelkomponenten sind Ersatzscheinwerfer und Leuchtmittel vorhanden. Ist die komplette Lichtdecke eines Studios gestört, kann mobiles Beleuchtungsmaterial über eine separate Stromeinspeisung verwendet werden.

- *Kommandoanlage* – Die Kommunikation hat im Produktionsablauf einen sehr hohen Stellenwert. Daher existieren hier zwei Zentralmatrizen, eine Haupt- und eine Backup-Matrix, die über redundante Steuerungen und Netzteile verfügen. Im Havariefall wird manuell auf die Backup-Matrix umgeschaltet, die Überwachung erfolgt Software gesteuert. Fallen beide System aus, wird auf die Kommunikation übers Haus- und Mobiltelefone zurückgegriffen.

4.3.5.2 Strategien bei redaktionelle Havarien

Auch redaktionelle Havarien sind nicht zu unterschätzen. Die Auswirkungen sind oft ähnlich gravierend wie die technischer Havarien. Sie sollen daher an dieser Stelle kurz Erwähnung finden.

Redaktionelle Havarie kann bedeuten, dass Material nicht rechtzeitig fertig wird, Personal nicht rechtzeitig zur Stelle oder nicht ausreichend vorbereitet ist oder

4.3 Havariestrategien

dass Zuschauer einer Sendung nicht das tun, was von ihnen erwartet wird. Die Vorgehensweise ist in solchen Fällen den Strategien bei technischen Havarien sehr ähnlich. Fehlende Beiträge werden durch andere, gegebenenfalls ältere Beiträge ersetzt oder durch eine spontane Moderation kompensiert. Bei einigen großen Livesendungen mit Publikum wird sogar ein Komplettmitschnitt der Generalprobe angefertigt, der während der Livesendung parallel mitläuft, so dass es zum Beispiel im Falle massiver Störungen durch Zuschauer möglich wäre, auf den Mitschnitt umzuschalten.[91]

Schwieriger wird die Situation, wenn ein falscher Beitrag gesendet wird, wie geschehen am 31. Dezember 1986, als die ARD bei der Ausstrahlung der Neujahrsansprache des damaligen Bundeskanzlers H. KOHL versehentlich die Ansprache des Vorjahres wiederholte.[92] In solchen Fällen ist zu entscheiden, was den größeren Schaden anrichten würde: der Abbruch oder die Fortsetzung. Die ARD sendete daraufhin am 1. Januar 1987 die korrekte Neujahrsansprache.

4.3.5.3 Strategien im Bereich der Distribution

Alle angesprochenen Havariestrategien liegen im Wirkungsbereich der Sendeanstalt. Darüber hinaus muss die Verteilung bis zum Konsumenten abgesichert werden. Dies geschieht in der Regel durch redundante Leitungsführung vom Funkhaus bis zur Deutschen Telekom und die Übertragungsmöglichkeit via Satellit. Von dort aus wird das Signal terrestrisch ausgestrahlt und an die verschiedenen Netzbetreiber zur Ausstrahlung über Satellit oder Kabel weiter verteilt.

Recherchen zeigen, dass gerade dieser Teil der Prozesskette oft eine Schwachstelle bildet, so dass es immer wieder zu regionalen und überregionalen Sendeausfällen oder Pannen kommt. Ein Beispiel hierfür ist der Sendeausfall des Fernsehsenders XXP am Nachmittag des 18. Juni 2003: Während der BBC-Dokumentation „Supermensch - die Heilkraft des Körpers" kam es zu einem Bildausfall, so dass die XXP-Technik sofort auf eine Notleitung umstellte, „die von einer Schaltzentrale der Deutschen Telekom [..] geschaltet werden muss." Aufgrund eines Fehlers bei der Umschaltung waren plötzlich Bilder eines nicht jugendfreien Filmes zu sehen. „Nur der Ton war von XXP. Nach rund 90 Sekunden war der Spuk vorbei, ein Testbild erschien, bevor das Programm wie geplant fortgesetzt wurde."[93] Dem Sender blieb nichts anderes übrig, als sich bei den Zuschauern zu entschuldigen.

---

91 Interview J. PANKOW, siehe Anhang A.5.1.
92 Vgl. [DHM04].
93 Quelle: [XXP03]. Weitere dokumentierte Havariefälle siehe Anhang A.2.1.

4.4 Einfluss der technischen Konvergenz auf Havariestrategien

In der *herkömmlichen Fernsehproduktion* sind hauptsächlich Hardwaredefekte die Ursache für Havarien. Deshalb sehen Havariestrategien in erster Linie die redundante Auslegung aller wichtigen Komponenten vor. Im Bildbereich wird mit einer Kombination aus mehreren Kreuzschienen gearbeitet.[94] Fällt eine Kreuzschiene aus, kann das Signal über andere Wege geroutet werden. Durch eine sinnvolle Verknüpfung kann so eine sehr hohe Ausfallsicherheit erreicht werden. Sollte das nicht reichen, können über den Kreuzschienen vorgeschaltete Havariesteckfelder Signale manuell an einer Stelle abgegriffen und an einer anderen wieder eingeschliffen werden. Alle Signale werden zentral messtechnisch überwacht, so dass im Havariefall schnell reagiert werden kann. Viele Havarieumschaltungen können automatisiert erfolgen. Für digitale Systeme, die das Prinzip der analogen Systeme nachbilden, verändert sich die Vorgehensweise nicht wesentlich; Auch hier reicht eine redundante Gestaltung bestimmte Komponenten oder ganzer Systeme aus.[95] Die Aufwendungen für Havarieabsicherungen bei herkömmlichen Systemen liegen bei 5 bis 7% und sind einmalige Ausgaben.[96]

In der *IT-basierten Fernsehproduktion* werden Havarien „anders bewertet als in traditionellen Produktionsumgebungen."[97] Das liegt unter anderem daran, dass Havarien in IT-basierten Systemen schnell Dimensionen annehmen können, die nicht mehr zu bewältigen sind. Immer mehr Betriebsfunktionen werden durch immer weniger Systeme übernommen, so dass sich Fehler innerhalb dieser Systeme nur schwer ausfindig machen lassen. An vielen Stellen sind daher automatisierte Lösungen anzustreben. Allerdings liegt darin auch eine der größten Schwierigkeiten: Der Austausch eines Gerätes behebt in den seltensten Fällen das Problem, weil nicht selten im Ersatzgerät unter gleichen Bedingungen derselbe Fehler auftritt.

Ein weiteres Risiko stellt die Entscheidung für eine Technologie dar. Durch die zunehmende Vernetzung der Einzelsysteme und den Einsatz von Software, die gegebenenfalls Fehler aufweist oder erweitert werden soll, erfolgt eine enge Bindung zum Systementwickler. Die Wahl des Entwicklers wird zu einem Balanceakt: große Unternehmen können eine gewisse Sicherheit geben, dass ihre Technologie auch noch in einigen Jahren weiterentwickelt wird. Kleinere Unternehmen können diese Sicherheit nicht bieten, sind dafür flexibler, was die Erfüllung individueller

---
94 Zentrale Kreuzschiene, lokale Kreuzschiene, Sendekreuzschiene usw.
95 Vgl. [Alt01].
96 Vgl. [PB04].
97 Quelle: [HT04]

Wünsche anbelangt.⁹⁸ Bewährt hat sich die Entscheidung für Softwarefirmen mit 30 bis 40 Mitarbeitern, die bereits Erfahrung mit der Entwicklung von Broadcast-Produkten haben. Der umfassende Einsatz von Software führt zu der Tendenz, dass statt der einmaligen Kosten für Havariesysteme teure Wartungsverträge über die Laufzeit des IT-basierten Systems abgeschlossen werden.

Die *technische Konvergenz* führt damit zu Veränderungen bei der Nutzung von Failover-Systemen und Havarieworkflows. Die Umschaltung IT-basierter Failover-Systeme wird deutlich komplexer und ist oft nur manuell, nicht in Echtzeit möglich. In Zukunft wird die Herausforderung einerseits darin bestehen, solche Prozesse zu automatisieren, und andererseits einfache und praktikable manuelle Workflows für die Überbrückung von Havarien zu definieren. Diese Tatsache bringt auch mit sich, dass die Anwender des Systems, künftig Know-how sowohl für Broadcast- als auch IT-Systeme mitbringen müssen. Nicht zuletzt dadurch gewinnen die Havariekonzepten schon bei der Planung komplexer IT-basierter, integrierter Produktionssysteme an Bedeutung. Vertieft wird dieser wichtige Aspekt der Planung integrierter, havariesicherer Produktionsumgebungen im Buch *Broadcast Engineering – Systemgestaltung*.⁹⁹

---

98 Zwar ist es durchaus üblich, den Sourcecode eines Systems bei einem Anwalt zu hinterlegen, so dass im Falle einer Insolvenz die Applikation auch von einer anderen Firma weiterentwickelt werden könnte. Jedoch ist es für einen Entwickler meist einfacher, ein eigenes System neu zu entwickeln. (Quelle: Interview J. PANKOW, A.5.1.)
99 Vgl. [Klo10], S.198*ff*.

5 Fehlerbaumanalyse

Leitfragen

- Was verbirgt sich hinter der Fehlerbaumanalyse (FTA)?
- Wie lassen sich mit ihr Ausfallwahrscheinlich- und Nichtverfügbarkeiten ermitteln?
- Welche Rolle kann diese Methode für Havarien in der Fernsehproduktion spielen?
- Welche weiteren Methoden sind in diesem Kontext von Interesse?

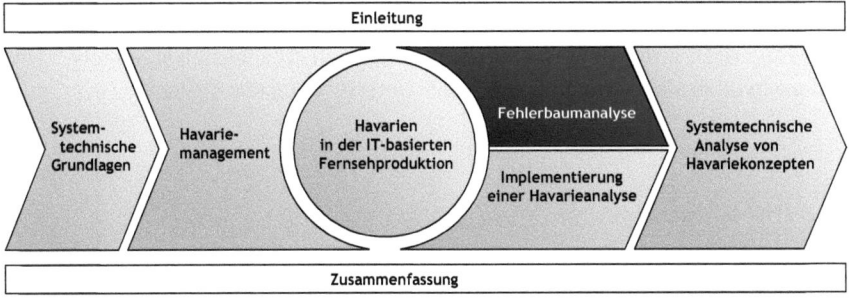

In komplexen Systemen, wie IT-basierte Fernsehproduktionssysteme es sind, lässt sich nur schwer eine direkte Aussage über die Ursachen eines Ausfalls oder über die Zuverlässigkeit des Gesamtsystems treffen. Meist ist es leichter, entsprechende Aussagen über einzelne Systemkomponenten zu treffen und anschließend daraus eine Aussage über das komplexe Gesamtsystem abzuleiten.[1]

In solchen Situationen sind daher Fehlerbäume bei Ingenieuren eine beliebte und weit verbreitete Methode zur Fehlerdiagnose, welche die Grundlage vieler rechnergestützter Diagnosesysteme bildet. Der Vorteil von Fehlerbäumen liegt in ihrer leichten Verständlichkeit – selbst für Laien, die nie zuvor einen Fehlerbaum gesehen haben, und mit ihnen lässt sich eine große Bandbreite von Diagnoseproblemen abdecken. Selbst wenn das Erstellen eines Fehlerbaums aufgrund seiner Größe nicht sinnvoll erscheint, bietet es an, zumindest den Ansatz eines Fehlerbaumes anzuwenden.[2]

5.1 Definition

Die Fehlerbaumanalyse[3] ist eine nach [DIN 25424] genormte und erprobte systemtechnische Methode, die diesen Ansatz verfolgt und sich zur präventiven Analyse auf mögliche technische Risiken und zur Ursachenermittlung bei Versagen eines Systems eignet. Sie bedient sich der logischen Verknüpfungen zwischen den Elementen und Teilsystemen in Form eines boolschen Modells – des Fehlerbaums.[4] Das Modell dient der Abbildung des Systems und der Beurteilung seiner Zuverlässigkeit.

Ausgehend von einem unerwünschten Ereignis lassen sich mit dieser Methode nach dem Top-down-Ansatz systematisch alle möglichen Ursachen in Form von Ausfallkombinationen ermitteln. Durch systematisches Beantworten von Ja/Nein-Fragen hilft ein Fehlerbaum dabei, die Fehlerursachen ausfindig zu machen bzw. diese soweit einzugrenzen, dass geeignete Maßnahmen ergriffen werden können. Zur weiteren Beurteilung des Systems können Zuverlässigkeitskenngrößen wie z.B. die Eintrittswahrscheinlichkeiten der Ausfallkombinationen oder unerwünschten Ereignissen ermittelt werden. Ergebnis der Fehlerbaumanalyse ist eine klare und nachvollziehbare Dokumentation der Untersuchung des Systems.[5]

---

1 Vgl. [Mo02], S.1.
2 Vgl. [Pri99], S.2*ff.*
3 FTA – Failure tree analysis.
4 Vgl. [TÜV94], http://www.ign-nord.de/zuver/fehler.htm.
5 Vgl. [DIN 25424] Teil 1, S.2

5.1 Definition

Das *unerwünschte Ereignis* ist die Stelle, an welcher ein Fehler zutage tritt. Es ist gleichzusetzen mit dem „Ausfall des untersuchten Funktionssystems"[6]. Das unerwünschte Ereignis ist Ausgangspunkt für den Fehlerbaum und das sogenannte TOP-Ereignis.

Der *Fehlerbaum* stellt die logischen Zusammenhänge möglicher Fehlerursachen für ein unerwünschtes Ereignis dar. Die möglichen Fehlerursachen, z.B. der Ausfall eines Funktionselementes, werden als *Standardeingänge des Fehlerbaums* bezeichnet.

Ein *Ausfall* liegt neben dem völligen Versagen auch dann vor, wenn ein System nicht innerhalb der zulässigen Parameter funktioniert und so das Leistungsziel nicht erreicht werden kann. Es ist zu unterscheiden zwischen *primären Ausfällen* unter zulässigen Bedingungen, *sekundären Ausfällen* als Folgeausfällen, d.h. unter unzulässigen Bedingungen, und *kommandierten Ausfällen* infolge einer falschen Anregung oder des Ausfalls einer Hilfsquelle.

Mitunter ist der Ausfall mehrerer Funktionselemente für ein unerwünschtes Ereignis verantwortlich. Man spricht hier von *Ausfallkombinationen*. Die kleinste Ausfallkombination besteht aus genau so vielen Ausfällen, „wie zur Verursachung eines unerwünschten Ereignisses mindestens notwendig"[7] sind.

---

6 Quelle: [DIN 25424] Teil 1, S.2
7 Quelle: [DIN 25424] Teil 1, S.2

5.1.1 Bildzeichen

Bildzeichen	Bedeutung
(Kreis mit Linie)	*Standardeingang:* Steht für den Ausfall eines Funktionselementes. Dem Standardeingang werden die Kenngrößen und Ausfallzeit für einen Primärausfall zugeordnet.
A, ≥1, E_1 E_2	*ODER-Verknüpfung:* Logische Vereinigung mehrerer Eingänge. Kommt es an einem der Eingänge zu einem Ausfall, so kommt es auch am Ausgang zu einem Ausfall.
A, &, E_1 E_2	*UND-Verknüpfung:* Logischer Durchschnitt mehrerer Eingänge. Bei gleichzeitigem Ausfall an allen Eingängen kommt es am Ausgang zu einem Ausfall.
(Rechteck)	*Kommentar:* Beschreibung von Ein- und Ausgängen. Kommentare werden im Folgenden zur Darstellung von Einzelsystemen verwendet.
(Dreieck mit Linie oben)	*Übertragungseingang:* Abbruch des Fehlerbaums. Der Fehlerbaum wird an anderer Stelle fortgesetzt.
(Dreieck mit Linie unten)	*Übertragungsausgang:* Abbruch des Fehlerbaums. Der Fehlerbaum wird an anderer Stelle fortgesetzt.

Tabelle 5.1: Bildzeichen der Fehlerbaumanalyse nach [DIN 25424]

5.1.2 Methode

Die Fehlerbaumanalyse besteht nach [DIN 25424] aus den acht im Folgenden aufgeführten Schritten:

5.1 Definition

1. *Systemanalyse*
   Die Systemanalyse (siehe 2.2.1.2) konzentriert sich auf Funktion, Umgebungsbedingungen, Hilfsquellen, Komponenten, Organisation und Verhalten des Systems.

2. *Festlegung des unerwünschten Ereignisses und der Ausfallkriterien*
   Bei der Betrachtung der betrieblichen Funktion sind alle Ausfälle der geforderten Funktionen relevant, bei der Betrachtung der Betriebssicherheit hingegen nur die gefährlichen Systemausfälle. In jedem Falle müssen klare Ausfallbedingungen, z.B. Toleranzgrenzen, definiert werden.

3. *Festlegung von Zuverlässigkeitskenngrößen und Zeitintervallen*
   Bei den relevanten Zuverlässigkeitskenngrößen ist zu unterscheiden zwischen der Ausfallhäufigkeit in einem betrachteten Zeitintervall und der Nichtverfügbarkeit zu einem Zeitpunkt.

4. *Überlegungen zu den Ausfallarten der Komponenten*
   Die Untersuchung der Ausfallarten erfordert ein detailliertes technisches Verständnis des betrachteten Systems. Hilfsmittel hierfür sind die Ausfallart- und Ausfalleffektanalyse (siehe 5.3).[8]

5. *Aufstellung des Fehlerbaums*
   Ausgehend vom TOP-Ereignis erfolgt unter Nutzung der standardisierten Symbole die Aufschlüsselung in mögliche Ausfälle (siehe 5.1.1). Betrachtet man Ausfälle wiederum als TOP-Ereignisse, so lässt sich die Aufgliederung nach dem Top-down-Prinzip bis zum gewünschten Detaillevel fortführen.

6. *Zusammenstellung der Eingangskenngrößen*
   Zu den Kenngrößen im Fehlerbaum gehören Ausfallraten, Ausfallzeiten und Nichtverfügbarkeiten.

7. *Auswertung des Fehlerbaums*
   Die Auswertung kann analytisch, mittels Simulation oder mit einer Kombination beider Verfahren durchgeführt werden. Bei der Analyse wird der Fehlerbaum so umgeformt, dass die Auswertung mittels Wahrscheinlichkeitsrechnung möglich ist. Die Simulation des zeitlichen Verhaltens erfolgt durch den Einsatz von Zufallswerten an den Fehlerbaumeingängen. Ergebnis sind die „systematische Erfassung von Ausfallkombinationen"[9] sowie ihrer Eintrittshäufigkeit und die kleinsten Ausfallkombinationen sowie deren Eintrittswahrscheinlichkeit für das TOP-Ergebnis.

---

8 Vgl. [DIN 25448].
9 Quelle: [DIN 25424] Teil 1, Seite 6

8. *Bewertung der Ergebnisse*
Zum Abschluss werden die gewonnenen Ergebnisse ausgewertet, um angemessene Maßnahmen ergreifen zu können.

5.1.3 Auswertung

Mit dem in [DIN 25424] Teil 2 beschriebenen Handrechenverfahren können die folgende Größen zur Bewertung des Systems ermittelt werden:

- Eintrittshäufigkeit des TOP-Ereignisses
- Nichtverfügbarkeit
- kleinste Ausfallkombinationen
- Eintrittshäufigkeit für Ausfallkombinationen

Da die aus der Fehlerbaumanalyse hervorgegangenen Fehlerbäume in der Regel überflüssige Vermaschungen enthalten, wird empfohlen, den Fehlerbaum für die händische Berechnung zu vereinfachen. Ziel ist es, die UND- und ODER-Tore weitestgehend zusammenzufassen, wie in **Abbildung 5.1** exemplarisch gezeigt wird. Handelt es sich um einen komplexeren Fehlerbaum, bietet sich die Zerlegung in überschaubare Module an (siehe Anhang A.3).

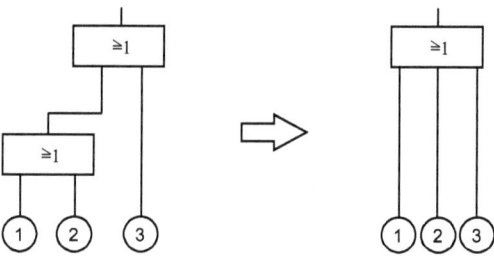

Abbildung 5.1: Zusammenfassung von ODER-Toren (Quelle: [DIN 25424])

Zur Ermittlung der *Ausfallkombinationen* werden ausgehend vom TOP-Ereignis für jede Ereignisebene im Fehlerbaum die Minimalschnitte bestimmt, die zu einem Ausfall führen können. Ergebnis ist ein stark vereinfachter Fehlerbaum, welcher in zwei Ebenen alle Ausfallkombinationen darstellt.

Die Nichtverfügbarkeit U_i und die Ausfallhäufigkeitsdichte H_i lassen sich mit Hilfe der Ausfallrate λ_i und der Reparaturrate μ_i bestimmen. Für konstante Raten, d.h. bei Betrachtung des stationären Falles, gilt:

$$U_i = \frac{\lambda_i}{\lambda_i + \mu_i} \qquad H_i = \frac{\lambda_i \cdot \mu_i}{\lambda_i + \mu_i}$$

Nach Gliederung des Fehlerbaums in die Ereignisebenen erfolgt die sukzessive Berechnung, beginnend bei der untersten Ebene. Die Berechnung einer ODER-Verknüpfung erfolgt mittels folgender Gleichungen:

$$U = 1 - \prod_{i=1}^{n} V_i \qquad H = V \cdot \sum_{i=1}^{n} \frac{H_i}{V_i}$$

Für die Berechnung einer UND-Verknüpfung gilt:

$$U = 1 - \prod_{i=1}^{n} U_i \qquad H = U \cdot \sum_{i=1}^{n} \frac{H_i}{U_i}$$

Auf diese Art und Weise können Nichtverfügbarkeit und Ausfallwahrscheinlichkeitsdichte für das betrachtete TOP-Ereignis berechnet werden.

5.2 Fehlerbaumanalyse als Methode innerhalb eines Havariekonzeptes

Fehlerbäume dienen „vor allem in der Luft- und Raumfahrt und Reaktorindustrie" der Analyse komplexer Systeme, „deren Ausfall einen hohen Schaden verursachen kann"[10]. Im Bereich der Fernsehproduktion ist der Einsatz von Fehlerbäumen bislang nicht dokumentiert. Mit der zunehmenden Vernetzung steigt der Bedarf einer solchen Analysemethodik auch für diesen Bereich. Denkbare Einsatzgebiete in der IT-basierten Fernsehproduktion sind:

- *In der Projektierungsphase:*
  Mit der FTA lassen sich bereits in der Projektierungsphase verschiedene Systeme objektiv hinsichtlich ihrer Ausfallsicherheit beurteilen. Für bestehende Systeme können zu Änderungsauswirkungen beim Austausch eines Einzelsystems untersucht werden.

- *Beim Havariemonitoring:*
  Die FTA ermöglicht eine übersichtliche Darstellung der Systembeziehungen und erleichtert im Havariefall die Fehlersuche. Durch die Einbindung in ein OBMS ließen sich bestimmte Fehlerursachen von vornherein ausschließen und die Fehlersuche könnte teilweise automatisiert werden.

---

10 Quelle: [TE04], S.1.

- *In einem Expertensystem:*
  Ist die Fehlerursache auf wenige Möglichkeiten eingeschränkt, könnte eine angebundene Datenbank alle relevanten Notfalldokumente, Bedienungsanleitungen, Telefonnummern von Administratoren und Support-Hotlines sowie die Beschreibung möglicher Havarieszenarien ausgeben.

- *Bei der Automatisierung:*
  Handelt es sich um einen Havariefall, der durch die Nutzung redundanter Signalwege und Systeme behoben werden kann, könnte anhand der FTA die Umschaltung auf ein vordefiniertes Havarieszenario ausgelöst werden.

5.3 Weiterführende Methoden

Die Fehlerbaumanalyse ist eine Methode, um die Zuverlässigkeit eines Systems zu beurteilen. Ein Methodenset zur umfassenden Beurteilung eines Systems stellt die Hazard- oder Gefahren-Analyse dar. Diese vereint im Wesentlichen die folgenden vier in **Tabelle 5.2** zusammengestellten Analysemethoden:[11]

		Gefahrenursache	
		bekannt	unbekannt
Auswirkungen	bekannt	*Beschreibung des Systemverhaltens* z.B. ETA	*Deduktive Analyse* z.B. FTA
	unbekannt	*Induktive Analyse* z.B. FMEA	*Explorative Analyse* z.B. CEA

Tabelle 5.2: Einordnung der Analysemethoden [FD94]

- ETA – event tree analysis:
  Die *Ereignisablaufanalyse* betrachtet ausgehend von einem bestimmten Ereignis alle möglichen Folgen und deren Auftrittswahrscheinlichkeit.

---

11 Vgl. [TÜV04], [Nue99] und [MM04].

5.3 Weiterführende Methoden

- FTA – fault tree analysis:
  Die *Fehlerbaumanalyse* [DIN 25424] ermittelt, ausgehend vom TOP-Ereignis, mögliche Fehlerkombinationen und trifft eine Aussage über Auftrittswahrscheinlichkeiten und Nichtverfügbarkeiten.

- CEA/CCA – cause effect analysis:
  Die *Ursache-Wirkung-Analyse* bestimmt sowohl Ursachen als auch mögliche Konsequenzen eines kritischen Ereignisses.

- FMECA/FMEA – failure modes effects and criticality analysis:
  Die *Ausfalleffekt- und Bedeutungsanalyse* [DIN 25448] dient der Untersuchung möglicher Ausfälle und der Feststellung geeigneter Gegenmaßnahmen (siehe 3.2.4.1).

Die *Risikoanalyse* [IEC 300-3-9] liefert ergänzend anhand möglicher Schäden und Eintrittswahrscheinlichkeiten eine Aussage über das mit dem Betrieb eines Systems verbundene Risiko (siehe 3.2.4.2).

Erfahrungen zeigen, dass auch der menschliche Faktor bei der Betrachtung eines Systems nicht zu unterschätzen ist. Eine Methode, die Personal, Organisation und Management genauer analysiert, ist die *Personenzuverlässigkeitsanalyse*[12] nach [VDI 4001]. Sie identifiziert „die Eingriffe des Personals in Wechselwirkung mit den Anlagen- und Prozess-Schnittstellen im Ereignisablauf"[13] und bindet diese in Ereignisablauf- und Fehlerbaummodelle ein. Die Summe aller Methoden ermöglicht eine fundierte und objektive Beurteilung der Zuverlässigkeit eines Systems.

---

12 HRA – Human Reliability Analysis
13 Quelle: [TÜV04].

6 Implementierung einer Havarieanalyse

Leitfragen

- Welche Funktion erfüllt das prototypische Tool „PlaTo"?
- Wie wird die Fehlerbaumanalyse in kommerziellen Tools eingesetzt?
- Welche Methoden wurden in „PlaTo" zur Analyse von Havarien implementiert?
- Wie wird der Einsatz der neuen Methoden durch Experten bewertet?

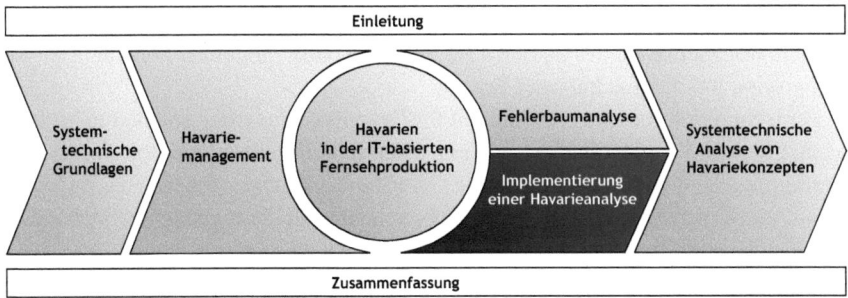

6.1 Das Planungs- und Analysetool „PlaTo"

Grundgedanke bei der Entwicklung des Planungs- und Analysetools war es, ein Werkzeug zu schaffen, das grundsätzlich in der Lage ist, die Planung komplexer Rundfunkproduktionssysteme zu unterstützen. „Konventionelle Planungsinstrumente [liefern] keine anschlaulichen und verwertbaren Aussagen zu der Funktionalität eines Systems."[1] Die prototpyische Applikation PlaTo wurde im Rahmen

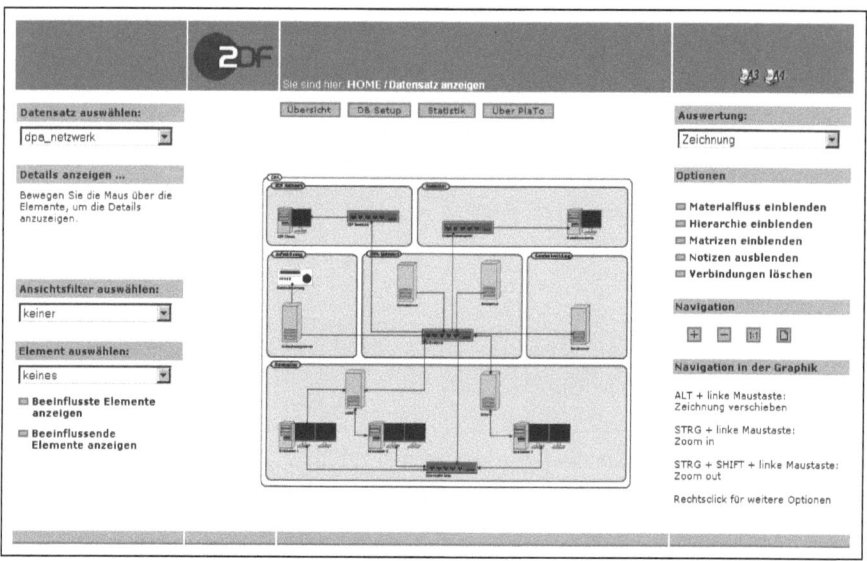

Abbildung 6.1: Aktuelle Bildschirmdarstellung von PlaTo

mehrerer Projekt- und Diplomarbeiten an der TU Ilmenau[2] am Institut für Medientechnik entwickelt und eröffnet, basierend auf den bei ZDF gesammelten Erfahrungen, mit Methoden des Systems Engineering neue Möglichkeiten zur Analyse technischer unt nichttechnischer Fragen.

Fernsehproduktionssysteme, die mit PlaTo analysiert werden sollen, müssen zunächst in MS Visio modelliert werden. Hierzu steht eine Symbolbibliothek zur Verfügung, die bislang die wichtigsten Geräte abdeckt. Dazu gehören u.a. MAZen, Kameras, Server, Schnittclients, Redaktionsclients und die sogenannten Verbinder,

---

[1] Zitat P. HARDT, siehe Anhang A.5.1.
[2] Vgl. [KR02], [Bitt04] und [Kue04].

6.2 Implementierungen

d.h. physikalische Verbindungen zwischen den Geräten. Bereits in MS Visio lassen sich den verschiedenen Objekten verschiedene Eigenschaften, z.B. Hard- und Softwarekosten, zuweisen. Ein derart modelliertes Produktionssystem kann dann

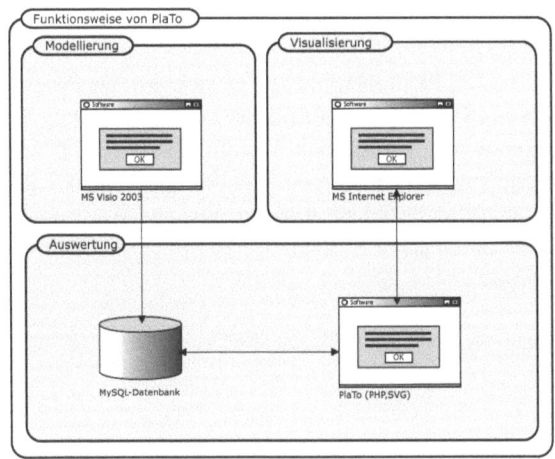

Abbildung 6.2: Aufbau und Funktionsweise von PlaTo

in eine MySQL-Datenbank exportiert werden. PlaTo, ein webbasiertes Tool[3], generiert aus den exportierten Daten eine äquivalente Darstellung (siehe **Abbildung 6.2**), anhand derer nun verschiedene Auswertungen vorgenommen werden können:

- Auswertung der *Systemhierarchie* über Organisationsbereiche
- Auswertung der *Hard- und Softwarekosten* nach Hierarchieebenen
- Auswertung des Materialflusses über eine *UML-Darstellung*
- Auswertung *beeinflussender und beeinflusster Geräte* mittels Matrizenoperationen

6.2 Implementierungen

Im Rahmen dieser Arbeit wurde PlaTo um die Möglichkeit einer Havarieanalyse zu erweitert. Dies ist durch die Implementierung der Fehlerbaumanalyse und einer

---
3 Verwendete Technologien: PHP, SVG, MySQL und XML.

Risikobewertung geschehen. Vorab soll jedoch ein Blick auf eine der existierenden Software-Applikationen geworfen werden, welche anhand eines Fehlerbaumes Zuverlässigkeitsanalysen durchführt.

6.2.1 Tesis FEBA 4.2

Bei der betrachteten Applikationen handelt es sich um das Programm *FEBA 4.2* der Firma TESIS SYSWARE[4]. Mit *FEBA* lassen sich interaktiv Fehlerbäume erstellen. Den Standardeingängen können Ausfallraten, Nichtverfügbarkeiten sowie einige andere Werte zugewiesen werden. Für bekannte Objekte lassen sich diese Daten aus einer Datenbank beziehen. Auf diese Art und Weise ermöglicht das Programm eine genaue Aussage zu Systemzuverlässigkeit und Schwachstellen eines betrachteten Systems.[5]

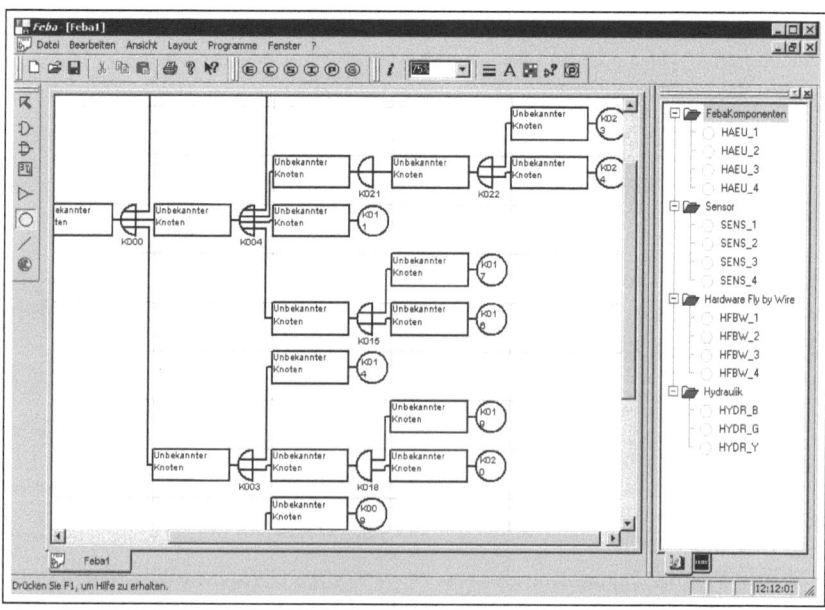

Abbildung 6.3: Bildschirmdarstellung Tesis FEBA 4.2

---

4 URL: http://www.tesis.de/.
5 Vgl. [TE04].

6.2 Implementierungen

Für die hier angestrebte Implementierung hat sich diese Herangehensweise als nicht geeignet erwiesen: Ziel sollte sein, aus einer broadcast-typischen Modellierung heraus automatisch einen Fehlerbaum nach [DIN 25424] zu generieren. Mit *FEBA* können Fehlerbäume jedoch nur manuell und mit nicht genormten Symbolen erstellt werden. *FEBA* setzt zudem die Kenntnis genauer Ausfallraten und Nichtverfügbarkeiten voraus, welche für Broadcast-Systeme nicht bekannt sind. Die Berechnung kann demnach nur anhand geschätzter Größen vorgenommen werden. Das spricht dafür, die Fehlerbaumanalyse in Fernsehproduktionssystemen anders anzugehen.

6.2.2 Erweiterungen von PlaTo

Die wesentlichen Erweiterungen von PlaTo bilden die Implementierungen der Fehlerbaumanalyse, der Risikoanalyse und der Analyse einfacher Änderungsauswirkungen.

6.2.2.1 Fehlerbaumanalyse

Ausgangspunkt der Fehlerbaumanalyse stellt ein mit MS Visio modelliertes Broadcast-System dar, welches in eine MySQL-Datenbank exportiert wurde. In diesem Zustand liegt das System in Form einer geometrischen Beschreibung vor und die Verbinder enthalten keine direkt auswertbaren Informationen über Start- und Zielelement. Innerhalb der graphischen Systemdarstellung von PlaTo wird dies, wie in **Abbildung 6.4** zu sehen, durch kleine rote Kreise am Ende der Verbinder visualisiert. Über die Option „Verbindungen neu zuweisen" erfolgt eine Auswertung der geometrischen Daten. Liegen die Enden der Verbinder innerhalb eines Elementes, so wird dem Verbinder die ID dieses Elementes als Start- bzw. Zielelement zugewiesen.

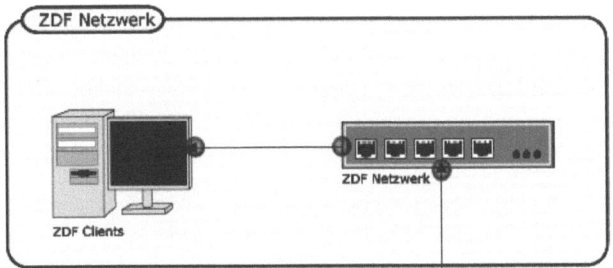

Abbildung 6.4: Darstellung noch nicht zugewiesener Verbinder

Aus der so gewonnenen Zuordnung lässt sich die Struktur aller Elemente zueinander in einem virtuellen Baum abbilden. Dies geschieht in Form eines Arrays,[6] der alle Elemente enthält. Jedem dieser Elemente wird in Form von Zeigern[7] eine Liste der Kind- und Elternobjekte zugewiesen (Vgl. **Tabelle 6.1**). Auf diese Weise ist es möglich, den Baum in beide Richtungen rekursiv abzuarbeiten. Ein weitere Neuerung ist die Einführung bidirektionaler Verbindungen, welche in der IT-basierten Fernsehproduktion die dominierende Verbindungsart ist.

```
#---------------------------------------------------------------
# Datei:     includes/fehlerbaumanalyse.php
# Funktion:  create_tree( $id, $parent_id );
#---------------------------------------------------------------
                                   # $id enthält die ID des akt. Objektes
$objects       = array();          # Datensätze aus der MySQL-Datenbank
$failure_tree  = array();          # Array für die Baumstruktur

$failure_tree["$id"][ID]        = $objects["$id"][ShapeKey];
$failure_tree["$id"][Name]      = $objects["$id"][Prop_Name];
$failure_tree["$id"][Type]      = $objects["$id"][ShapeData1];
$failure_tree["$id"][Redundanz] = $objects["$id"][Syst_Redundanz];
$failure_tree["$id"][Data]      =& $objects["$id"]; # Zeiger aufs Obj.

$failure_tree["$id"][Parents]   = array(); # Zeiger auf Elternobjekte
$failure_tree["$id"][Children]  = array(); # Zeiger auf Kindobjekte

#---------------------------------------------------------------
```

Tabelle 6.1: Struktur des verwendeten Arrays

Bei der graphischen Darstellung einer Baumstruktur handelt es sich um eine sehr komplexe Aufgabe, wie einfache Implementierungsversuche anfangs gezeigt haben. Um auch komplexe Strukturen übersichtlich darstellen zu können, empfiehlt sich daher die Zuhilfenahme der Software GraphViz[8]. Es handelt sich dabei um eine frei verfügbare Softwareapplikation der AT&T CORPORATION, die in der Lage ist, komplexe Graphen abzubilden und in verschiedenen Graphikformaten auszugeben.[9] Zur Beschreibung des Graphen genügt die Angabe aller Knoten und Kanten[10] in einer GraphViz-eigenen Syntax (Vergleiche **Tabelle 6.2**). Aus diesen Daten wird ein übersichtlicher Graph zusammengestellt. Dadurch wird die Visuali-

---
6 „Ein Array (Feld, Reihung, Vektor) ist eine Datenstruktur, die eine Sequenz von Datenwerten [..] speichert und einen schnellen Zugriff auf beliebige Werte der Sequenz über einen Index gestattet." Quelle: [MB04].
7 auch Pointer oder Referenz: zeigt auf die Stelle im Speicher, an dem ein Element gespeichert ist.
8 URL: http://www.graphviz.org/.
9 In PlaTo wird die Ausgabe mit SVG verwendet.
10 Nodes und Edges.

sierung in dieser Implementierung auf die Angabe aller logischen Abhängigkeiten reduziert.

```
digraph Hierarchie {
    graph [fontname=Verdana,fontsize=14]
    node  [fontname=Verdana,fontsize=12,shape=box]
    edge  [color=black,fontname=Verdana,fontsize=12]

    a_17 [label="VTR-Server",style=filled];
    a_8  [label="MAZ 1"];
    a_17 -> a_8;
    a_22 [label="Videoserver 2"];
    a_8  -> a_22;
    a_36 [label="Browseserver"];
    a_22 -> a_36;
    a_9  [label="MAZ 2"];
    a_17 -> a_9;
    a_9  -> a_22;
    a_7  [label="MAZ 3"];
    a_17 -> a_7;
    a_16 [label="Videoserver 1"];
    a_7  -> a_16;
}
```

Tabelle 6.2: Graphenbeschreibung „Athenkonzept" (Vgl. **Abbildung A.5**)

Auf diese Weise lässt sich nach Angabe des Startelementes (TOP-Ereignis), beginnend mit diesem Element, einfach und übersichtlich die Systemhierarchie darstellen: Systeme werden durch Knoten und Verbinder durch Kanten repräsentiert. Bidirektionale Verbinder werden durch ein weitere, in die entgegensetzte Richtung weisende Kante ergänzt. Das Startelement wird grau hinterlegt und zuoberst angeordnet. Diese Betrachtung lässt sich für die beeinflussten Kindobjekte (Children) und für die beeinflussenden Elternobjekte (Parents) durchführen.

Fehlerbaum nach DIN 25 424

Bei der Visualisierung nach [DIN 25424] werden alle Symbole durch Knoten repräsentiert, die durch Kanten miteinander verbunden werden (Vergleiche 5.1.1):

- *Kommentar*: rechteckiger Knoten mit der Systembezeichnung
- *ODER-Verknüpfung*: rechteckiger Knoten mit dem Text [>=1]
- *UND-Verknüpfung*: rechteckiger Knoten mit dem Text [&]
- *Standardeingang*: runder Knoten mit der ID des Systems in der Form [#ID]

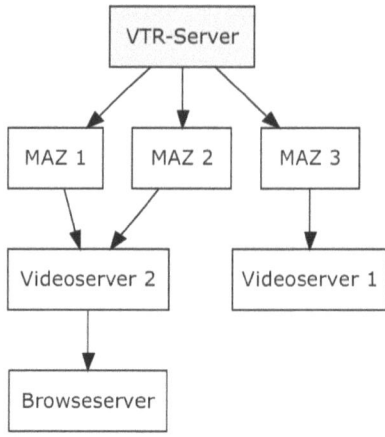

Abbildung 6.5: Graph „Athenkonzept" (Vgl. **Abbildung A.5**)

Die UND-Verknüpfung kommt bei der Verwendung von redundanten Systemen (Failover-System) zum Einsatz. In der aktuellen Version ist die Behandlung von je zwei redundanten Systemen implementiert. Dazu ist für eines der beiden Systeme im Eigenschaften-PopUp[11] das andere als redundantes System auszuwählen. Die beiden Systeme werden dann UND-verknüpft und an der übergeordneten ODER-Verknüpfung in den Baum eingebunden.

Bei der Fehlerbaumanalyse ist zu beachten, dass es sich um eine undirektionale Betrachtung aller Systeme handelt, die direkt oder indirekt das TOP-Ereignis beeinflussen. Diese Eigenschaft wird deutlich, wenn man die einfache Systemkette in **Abbildung 6.6** betrachtet:[12]

Im dargestellten Fall wird *Videoserver 1* durch *Videoserver 2* beeinflusst, welcher wiederum durch *Videoserver 3* beeinflusst wird. Geht man davon aus, dass *Videoserver 3* einen Defekt aufweist, so spielt die Verknüpfung zurück zu *Videoserver 2* keine Rolle. Ist bereits in *Videoserver 2* ein Fehler aufgetreten, so ist der gesamte folgende Zweig irrelevant. Somit genügt eine unidirektionale Betrachtung.

Um diesen Abbruch des Baumes kenntlich zu machen, werden Elemente, die bei der rekursiven Abarbeitung der Baumstruktur im selben Zweig bereits als Elternobjekt vorhanden sind, durch einen roten Verweis [-> Systembezeichnung] dargestellt. Wird bei der rekursiven Abarbeitung ein Element entdeckt, welches

---

[11] In der Systemansicht auf das entsprechende System klicken, PopUp siehe Anhang A.4.2.
[12] Athenkonzept nach [Kue04].

6.2 Implementierungen

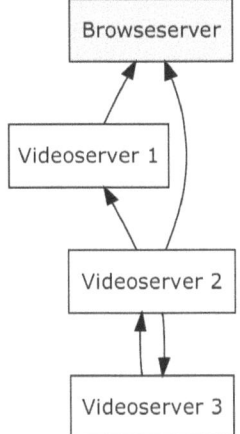

Abbildung 6.6: Beispiel „Serverkonzept" (Vgl. **Abbildung A.5**)

aus einer höheren Ebene bereits bekannt ist, so wird der Fehlerbaum statt einer Querverbindung an dieser Stelle fortgesetzt. Dieses Vorgehen ist notwendig, da für folgende Elemente gegebenenfalls unterschiedliche Elternobjekte berücksichtigt werden müssen.

Berechnung nach DIN 25 424

Der Algorithmus zur Berechnung der Nichtverfügbarkeiten und der Eintrittswahrscheinlichkeitsdichten folgt demselben Prinzip wie die Visualisierung des Baumes. Statt der Ausgabe der Knoten und Kanten werden jedem Element in einem Array die logischen Verknüpfungen aller beeinflussenden Elemente zugewiesen. Elemente, die bereits weiter oben im Zweig vorhanden sind, werden gestrichen (Vergleiche **Tabelle 6.3**). Diese Zusammenhänge werden anschliessend in mathematische Formeln umgewandelt (Vergleiche 5.1.3) und, beginnend mit der letzten, nach ihrer Position im Baum sortiert (Vergleiche **Tabelle 6.4**). Jede dieser Gleichungen besteht aus einem Teil, der die Eigenschaften des Systems selbst repräsentiert,[13] und einem Teil, der weitere beeinflussende Systeme berücksichtigt.[14] Bei allen Systemen, die nicht durch andere beeinflusst werden, entfällt der zweite Teil. Verfährt man nun nach dem Bottom-up-Prinzip und ersetzt Zweig für Zweig

---

13 Siehe **Tabelle 6.3**: [e8] für Videoserver 3.
14 Siehe **Tabelle 6.3**: OR [7] für Videoserver 3.

82   6 Implementierung einer Havarieanalyse

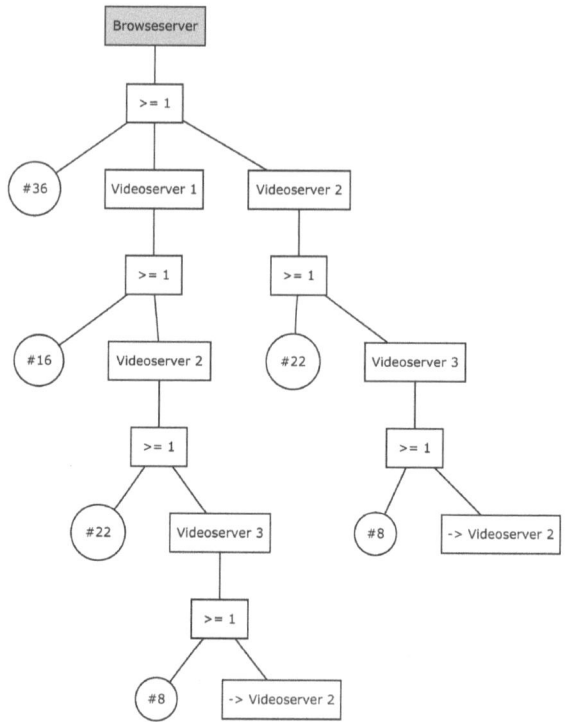

Abbildung 6.7: Fehlerbaum zum „Serverkonzept" (Vgl. **Abbildung A.5**)

Nr	ID	Objekt	Logische Verknüpfungen [ID]
6	8	Videoserver 3	[e8] ~~OR [7]~~
5	22	Videoserver 2	[e22] OR [6]
3	8	Videoserver 3	[e8] ~~OR [4]~~
2	22	Videoserver 2	[e22] OR [3]
1	16	Videoserver 1	[e16] OR [2]
0	36	Browseserver	[e36] OR [1] OR [5]

Tabelle 6.3: Logische Verknüpfungen zum „Serverkonzept"

6.2 Implementierungen

Nr	ID	Objekt	Nichtverfügbarkeit (U = 1 - V) / Häufigkeitsdichte (H)
06	8	Videoserver 3	$U_6 = Ue_6$ $V_6 = Ve_6$ $H_6 = He_6$
05	22	Videoserver 2	$U_5 = 1 - (Ve_{22} * V_6)$ $V_5 = Ve_{22} * V_6$ $H_5 = V_5 * (He_{22}/Ve_{22} + H_6/V_6)$
03	8	Videoserver 3	$U_3 = Ue_3$ $V_3 = Ve_3$ $H_3 = He_3$
02	22	Videoserver 2	$U_2 = 1 - (Ve_{22} * V_3)$ $V_2 = Ve_{22} * V_3$ $H_2 = V2 * (He_{22}/Ve_{22} + H_3/V_3)$
01	16	Videoserver 1	$U_1 = 1 - (Ve_{16} * V_2)$ $V_1 = Ve_{16} * V_2$ $H_1 = V_1 * (He_{16}/Ve_{16} + H_2/V_2)$
00	36	Browseserver	$U_0 = 1 - (Ve_{36} * V_1 * V_5)$ $V_0 = Ve_{36} * V_1 * V_5$ $H_0 = V_0 * (He_{36}/Ve_{36} + H_1/V_1 + H_5/V_5)$

Tabelle 6.4: Gleichungen nach [DIN 25424] zum „Serverkonzept"

von den Spitzen her die logischen Verknüpfungen so lange, bis alle Gleichungen nur noch aus Ausdrücken bestehen, die direkt aus den Eigenschaften aller beteiligten Systeme hervorgehen, so erhält man am Ende eine eindeutige mathematische Beschreibung des TOP-Ereignisses (Vergleiche **Tabelle 6.5**). Aus den Gleichungen kann nun durch Einsetzen der konkreten Werte aller beteiligten Systeme eine Hochrechnung für das Gesamtsystem erfolgen.

Nr	ID	Objekt	Nichtverfügbarkeit (U = 1 - V) / Häufigkeitsdichte (H)
00	36	Browseserver	$V_0 = Ve_{36} * Ve_{16} * Ve_{22} * Ve_3 * Ve_{22} * Ve_6$ $H_0 = V_0 * (He_{36}/Ve_{36} + (Ve_{16} * Ve_{22} * Ve_3 * (He_{16}/Ve_{16} +$ $+ (Ve_{22} * Ve_3 * (He_{22}/Ve_{22} + He_3/Ve_3))/Ve_{22} * Ve_3))$ $/ Ve_{16} * Ve_{22} * Ve_3 + (Ve_{22} * Ve_6 * (He_{22}/Ve_{22}$ $+ He_6/Ve_6))/Ve_{22} * Ve_6)$

Tabelle 6.5: Berechnungen für das TOP-Ereignis

Filterfunktionen

Der Einsatz von Filtern[15] verfolgt den Gedanken, dass Fehler unter Umständen nur Teile der Kommunikation betreffen. Filter bieten so die Möglichkeit, die Fehlerursache von vornherein einzugrenzen. Exemplarisch wurden drei verschiedene Filter für die Verbinder realisiert:

- *Übertragene Daten*: betroffene Asset-Teile[16]
- *Verwendete Interfaces*: betroffene Hardware-Schnittstellen
- *Verwendete Protokolle*: betroffene Software-Schnittstellen

Damit eine Filterung vorgenommen werden kann, müssen allen Verbindern im Eigenschaften-PopUp[17] die entsprechenden Werte zugewiesen werden. Bei Interfaces und Protokollen ist eine Mehrfachnennung möglich.[18] Wird eine Filterung vorgenommen, so geschieht dies bereits beim Generieren der virtuellen Baumstruktur, so dass der Filter bei alle folgenden Auswertungen und Berechnungen automatisch berücksichtigt wird. Die möglichen Werte aller drei Filter sind in XML-Datenbanken hinterlegt und lassen sich somit nach Bedarf erweitern.

6.2.2.2 Risikoanalyse

Für Systeme aus der Industrie, wie zum Beispiel der Raumfahrt- oder Autoindustrie, stehen in der Regel genaue statistische Werte über die Ausfall- und Reparaturraten vor, aus denen sich die Nichtverfügbarkeit und die Ausfallhäufigkeitsdichte berechnen lassen (siehe 5.1.3). Dass diese Herangehensweise prinzipiell auch für Broadcast-Systeme möglich ist, hat HERZOG in seiner Dissertation aus dem Jahre 1970 gezeigt.[19] Allerdings hat es sich im Broadcast-Bereich seit dem nicht eingebürgert, Ausfallstatistiken zu führen. Daher musste ein anderer Weg gefunden werden, um die Nichtverfügbarkeiten und die Ausfallwahrscheinlichkeiten in Fernsehproduktionssystemen zu bewerten.

Eine praktikable Möglichkeit ist die Befragung von Experten. Um aussagekräftige und weitestgehend reproduzierbare Werte zu erhalten, sollte die Bewertung von Einzelsystemen anhand des konkreten zu untersuchenden Falles erfolgen. Die

---

15 Aspekte/Filter siehe 2.1.1.1.
16 Bestandteile/Definition siehe 4.1.2.2.
17 In der Systemansicht auf Verbinder klicken, siehe Abb. 6.8.
18 Das Tool dient der Systemanalyse in einer relativ hohen Abstaktionsebene, so dass betrachtete Datenströme teilweise parallel über mehrerer Kanäle übertragen werden.
19 Vgl. [Her70], Seite 101*ff*.

6.2 Implementierungen   85

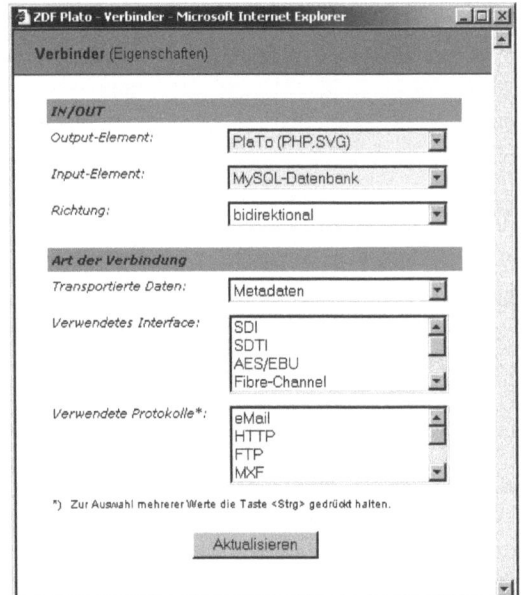

Abbildung 6.8: Systemeigenschaften und Filterfunktion

befragten Personen müssen mit diesem System gut vertraut sein. Allgemeine Aussagen zu bestimmten Broadcast-Produkten sind meist nicht möglich. Der mathematische Durchschnitt aller Bewertungen der befragten Experten dient bei der Berechnung dann als Ersatz für die statistischen Werte.

Die Befragung der Experten erfolgt über einen interaktiven Fragenbogen. Abgefragt werden die Eintrittswahrscheinlichkeit,[20] der zu erwartende Schaden,[21] das heißt der Ausfall an geplanten Inhalten,[22] sowie das Verständnis beider Größen (siehe Anhang A.5.2).[23] Mit diesen Angaben lässt sich eine relativ aussagekräftige Risikobewertung aller beteiligten Systeme unter Berücksichtigung der subjektiven Einstellungen zu Havarien durchführen (siehe 3.2.4.2). Das weitere Vorgehen stützt sich auf die beiden folgenden Annahmen:

---

20 Bewertungsskala: häufig, wahrscheinlich, gelegentlich, selten, unwahrscheinlich und unvorstellbar.
21 Bewertungsskala: unbedeutend, marginal, kritisch und katastrophal.
22 Meßbare Größe für den Schaden, eine monetäre Bewertung wäre ebenso denkbar.
23 Wie oft pro Zeiteinheit ist häufig usw. und wie viel % Ausfall sind unbedeutend usw.

- Bei diskreter Betrachtung verhält sich die Eintrittswahrscheinlichkeit W direkt proportional zur Eintrittswahrscheinlichkeitsdichte H. Die Fragebögen ermöglichen ein direkte Zuordnung zwischen W und den damit verbundenen Ausfällen je Zeiteinheit. Damit ergibt sich für jede einzelne Bewertung:[24]

$$H = \frac{Ausfälle\ pro\ Jahr}{365} \cdot 100\ [\%]$$

- Die Menge an geplanten jedoch nicht gesendeten Inhalten und somit der zu erwartende Schaden S bei Ausfall einer Komponente verhält sich in etwa proportional zur Nichtverfügbarkeit U der Komponente. Somit gilt:

$$U \approx Geplante,\ nicht\ gesendete\ Inhalte\ [\%]$$

Die so berechneten Werte werden aus allen Bewertungen für jedes System gemittelt. Diese Ergebnisse lassen sich dann den Einzelsystemen im betrachteten Gesamtsystem zuordnen[25] und stehen für die Berechnung nach [DIN 25424] zur Verfügung. Die Tabellen 6.6 und 6.7 zeigen, wie unterschiedlich die Bewertungen ausgefallen sind.

Betrachtet man die Positionierung der verschiedenen Gerätegruppen in der Risikomatrix (siehe Abbildungen 6.9 und A.8), so lassen sich trotz der unterschiedlichen Bewertungen einige Tendenzen erkennen. Demnach arbeitet ein größerer Anteil der IT-basierten Systeme im unerwünschten Bereich als bei den herkömmlichen Systemen. Es ist ebenfalls zu sehen, dass in nahezu jeder Gerätegruppe Systeme im unerwünschten Bereich liegen. Das belegt, dass die Fernsehproduktion immer mit einem gewissen Risiko verbunden ist. Risikomatrizen, Zahlen und Graphen zu der durchgeführten Befragung sind im Anhang A.5.2.1 zu finden.

Ausfallwahrscheinlichkeit: Tage pro Jahr mit Ausfällen in Prozent					
unvorstellbar	unwahrscheinlich	selten	gelegentlich	wahrscheinlich	häufig
0.03%	0.08%	0.14%	0.55%	16.44%	32.88%
0.11%	0.27%	3.29%	9.86%	42.74%	100.00%

Tabelle 6.6: Bewertungsmaßstäbe für Auftrittswahrscheinlichkeit

---

24 Prozentuale Berechnung der Ausfälle pro Tag, denkbar ist auch die Berechnung pro Sendung.
25 Bei der Festlegung der „Art des Systems" im Eigenschaften-PopUp werden dem System die Werte für Risiko- und Fehlerbaumanalyse zugeordnet, siehe Anhang A.4.2.

6.2 Implementierungen 87

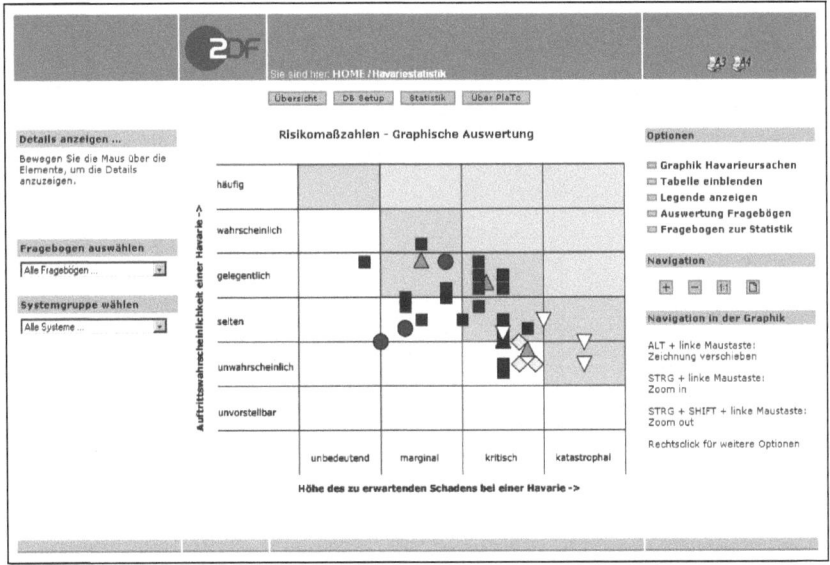

Abbildung 6.9: Bildschirmdarstellung der Risikomatrix in PlaTo

Zu erwartender Schaden: *Ausfall geplanter Sendeinhalte in Prozent*			
unbedeutend	marginal	kritisch	katastrophal
0.00%	10.00%	50.00%	100.00%
0.00%	10.00%	20.00%	30.00%

Tabelle 6.7: Bewertungsmaßstäbe für den zu erwartenden Schaden

6.2.2.3 Änderungsauswirkungen

Mit PlaTo lassen sich einfache Änderungsauswirkungen untersuchen. Dies ist über zwei Wege möglich: Änderungen, die sich durch das Deaktivieren einzelner Systeme beschreiben lassen, können direkt in PlaTo simuliert werden. Hierzu sind die entsprechenden Systeme im Eigenschaften-PopUp[26] auf „inaktiv" zu setzen. Das System wird als solches gekennzeichnet und bei allen Auswertungen nicht weiter berücksichtigt.

---

26 In der Systemansicht auf das entsprechende System klicken, siehe Anhang A.4.2.

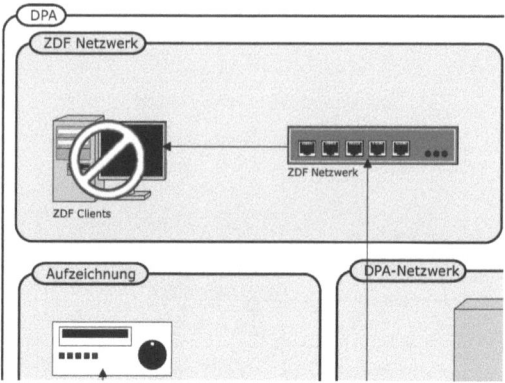

Abbildung 6.10: Darstellung eines inaktiven Systems in PlaTo

Die zweite Methode besteht darin, ein System einmal mit und einmal ohne Änderungen in MS Visio zu modellieren, die ähnlichen Systemlandschaften zu exportieren und getrennt mit PlaTo zu analysieren. Mit dieser Vorgehensweise lassen sich auch komplexere Änderungsauswirkungen untersuchen.

6.2.2.4 Sonstige Erweiterungen

Im Rahmen der genannten Implementierungen wurde PlaTo um einige zusätzliche Funktionen erweitert. Dazu gehört die Ergänzung der Symbolbibliothek um Sym-

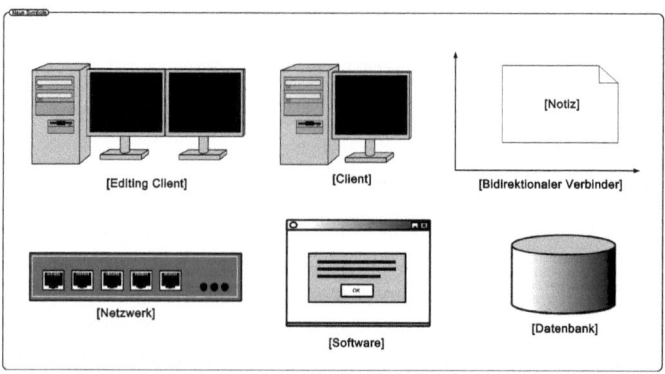

Abbildung 6.11: Erweiterung der Symbolbibliothek

bole für Netzwerke, Clients, Editing-Clients, Software und Datenbanken (siehe **Abbildung 6.11**). Die Gestaltung erfolgte nach rein optischen Gesichtspunkten, da Planer aus dem Broadcast-Bereich selbsterklärende Symbole gegenüber technischen, standardisierten Symbolen bevorzugen.[27]

6.3 Eignung und Einsatzgebiete des PlaTo

Aus *Systemhaussicht* stellt sich der Einsatz für kompetente Systemarchitekten laut BOIE als nicht sinnvoll dar. Fernsehproduktionssysteme seien viel zu komplex und mit zu wenigen Wiederholungen behaftet, als dass sich ein derartiges Tool lohnen könnte. Die Zusammenhänge ließen sich mit den herkömmlichen Methoden deutlicher darstellen. Nachteil herkömmlicher Methoden ist, dass die Zusammenhänge aller Dokumente meist nur in den Köpfen der Planer existierten. Das Problem von Planungstools liege im Allgemeinen darin, dass sie kreative Freiräume beschneiden und meist die Akzeptanz durch den Kunden fehlt.

Beim potentiellen *Anwender* des Tools, dem ZDF, sieht man dagegen durchaus Einsatzmöglichkeiten für ein Tool wie PlaTo. Allerdings liegen diese weniger im Planungsbereich als vielmehr bei der Dokumentation und Analyse bestehender Systeme.[28] Dabei lassen sich nach HARDT zwei Ansätze verfolgen: zum einen die Perfektionierung bestehender Analysen und zum anderen die Implementierung einer möglichst großen Bandbreite von Analysemethoden, um die Möglichkeiten eines solchen Planungs- und Analysetools auszutesten. Sollte sich der Prototyp PlaTo prinzipiell als hilfreich erweisen, ließe sich auch über die Entwicklung einer ausgereiften Softwarelösung nachdenken.

Die hier vorgestellten Implementierungen haben gezeigt, dass PlaTo vor allem als Analysetool von Nutzen sein kann. Mit einem relativ geringen Mehraufwand ermöglicht PlaTo mit der Fehlerbaumanalyse eine übersichtliche Auswertung aller Systemzusammenhänge, die Filterung nach bestimmten Aspekten und die Analyse bezüglich der Havariesicherheit eines Produktionssystems. Bevor man allerdings die Entwicklung einer einsatzfähigen Softwarelösung in Auftrag gibt, sollte PlaTo um weitere Analysemethoden erweitert werden, die für IT-basierte Fernsehproduktionssysteme interessant sind. Zu nennen sind hier Themen wie die Analyse von Medienbrüchen, Bandbreiten und Erneuerungsstrategien[29] und die Erweite-

---

27 Vgl. [Kue04], Seite 90, und [KS04], Seite 36*ff*.
28 Am Anfang war eine Unterstützung durch PlaTo bei der Planung der Umstellung auf IT-basierte System im ZDF geplant. Beim derzeitigen Stand und der aktuellen Entwicklungsgeschwindigkeit würde die Fertigstellung eines einsatzfähigen Planungstools auf der Grundlage von PlaTo etwas zu spät kommen.
29 Vgl. [Ha04].

rung um eine standardisierte Schnittstelle, wie beispielsweise die ISO AP-233[30]. Denkbar wäre auch, den möglichen Einsatz von PlaTo als Experten- oder Monitoringsystem weiterzuverfolgen (siehe 5.2). Für die weitere Arbeit an PlaTo muss geprüft werden, welche Analysen und Aufgaben für welchen Teilbereich der Planung und Administration relevant sind und wie sich das – z.b. durch Module – in PlaTo visualisieren lässt. Ansonsten besteht die Gefahr, dass PlaTo sowohl in der Bedienung als auch in der Entwicklung zu unübersichtlich wird.

---

30 Die AP-233 ist ein standardisiertes Format zum Datenaustausch zwischen verschiedenen Werkzeugen. Ihr Einsatz würde die Möglichkeit eröffnen, auch andere Tools für die Modellierung oder die weitere Analyse zu nutzen. URL: http://step.jpl.nasa.gov/AP233/.

7 Systemtechnische Analyse von Havariekonzepten

Leitfragen

- Welche Kriterien beschreiben die Qualität von Havariestrategien?
- Wie ist das Fallbeispiel „Digitales Produktionssystem Aktuelles" (DPA) aufgebaut?
- Inwieweit erfüllt das DPA die aufgestellten Qualitätskriterien?
- Was ist bei der Entwicklung von Havariekonzepten zu beachten?

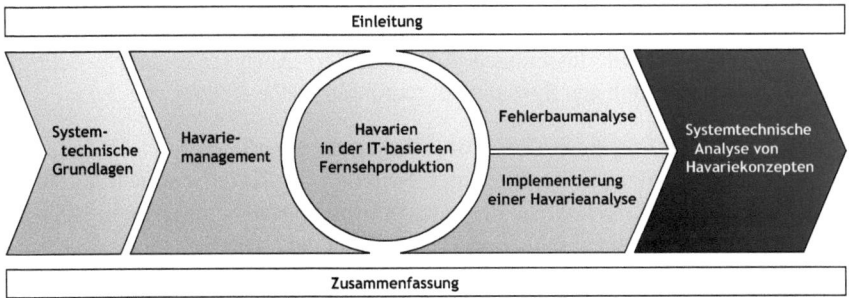

7.1 Systemtechnische Analyse

Soll die Absicherung einer integrierten, IT-basierten Fernsehproduktionsumgebung gegenüber Havarien umfassend untersucht werden, so empfiehlt sich eine systematische Vorgehensweise.

7.1.1 Methodenset zur Bewertung

Nach DAENZER/HUBER existiert eine Reihe von Techniken zur Bewertung und Entscheidung. Danach geht der eigentlichen Bewertung die Beschaffung der Informationen voran.[1] Eine Auswahl der Techniken wird an dieser Stelle zu einem Methodenset zusammengestellt, anhand dessen die Qualität von Havariekonzepten beurteilt werden kann. Mit diesem Set lässt sich überprüfen, ob wesentliche Anforderungen an die Havariesicherheit eines Produktionssystems erfüllt werden:[2]

- Die *Systemanalyse* in Bezug auf Komplexitätsebenen, räumliche Aufteilung, technische Absicherung und Workflows mit dem Schwerpunkt der Havarieabsicherung schafft die nötige Datenbasis für die Untersuchung. Wichtiges Hilfsmittel dabei ist die Dokumentation des betrachteten Systems (siehe 7.2).

- In *Experteninterviews* mit Systementwicklern und Administratoren lassen sich Fragen klären, die sich aus der Systemanalyse ergeben bzw. nicht durch vorhandene Dokumentationen abgedeckt werden (siehe Anhang A.5.1).

- *Fragebögen* haben eine ähnliche Funktion wie die Experteninterviews. Die schriftliche Form und die starke Formalisierung ermöglichen es, die Meinung mehrerer Experten zu konkreten Problematiken statistisch zu erheben und eine automatische Auswertung vorzunehmen. In diesem Fall dient ein Fragebogen der Bewertung aller beteiligten Systeme (siehe Anhang A.5.2).

- Die *Modellierung* dient der Visualisierung bestimmter Problematiken. Anhand der Modelle lassen sich durch konkrete Analysen objektive Beurteilungen in komplexen Systemen durchführen (siehe Anhang A.5.3.3).

- Anhand der folgenden *Checkliste* wird sicher gestellt, dass bei der Informationsbeschaffung keine relevanten Kriterien der Havariebetrachtung außer Acht gelassen werden. Sie dient der Informationsaufbereitung und stellt die Grundlage für die abschließende Bewertung dar (siehe 7.1.2).

---

1 Vgl. [DH02], S.427*ff*.
2 Vgl. Qualitätsdefinition [DIN 9000], Seite 18.

7.1 Systemtechnische Analyse

7.1.2 Qualitätskriterien für Havariekonzepte

Die Qualität eines Havariekonzeptes lässt sich im Wesentlichen durch die Beantwortung der Frage beurteilen, ob das Konzept *vollständig, praktikabel, wirtschaftlich vertretbar* und *erweiterbar* ist (siehe 3.2.4). Die zur Bewertung relevanten Kriterien werden im Folgenden in Form einer Checkliste aufgeführt.

7.1.2.1 Vollständigkeit

1. Erfüllen die eingesetzten Systeme, gemessen am aktuellen Entwicklungsstand, die systemtechnischen Anforderungen an Stabilität, Performance und Qualität? (siehe 4.1.3)   O ja   O nein

2. Ist schon bei der Planung darauf geachtet worden, die aus der Entwicklung, der Bedienung und aus möglichen Angriffen von außen resultierenden Risiken weitestgehend zu minimieren? (siehe 4.2)   O ja   O nein

3. Kann unter allen Umständen, ggf. im reduzierten Betrieb, der Programmauftrag erfüllt werden? (siehe 4.3.1)   O ja   O nein

4. Wurden alle sendewichtigen Systeme der verschiedenen Komplexitätsebenen des Produktionssystems in angemessener Weise nach dem 3-Stufen-Modell berücksichtigt? (siehe 4.3.2)   O ja   O nein

5. Existiert eine umfassende Überwachung aller Systeme durch ein zentrales Monitoring und Alarmmanagement? (siehe 4.3.4)   O ja   O nein

6. Sind die produktionsunterstützenden Systeme wie Energieversorgung, Kommunikation und Licht hinreichend abgesichert? (siehe 4.3.5.1)   O ja   O nein

7.1.2.2 Handhabbarkeit

7. Erfolgt die Umschaltung von geräteinternen Redundanzen und Failover-Systemen weitestgehend automatisch, kann aber manuell beeinflusst werden? (siehe 4.3.1)   O ja   O nein

8. Lassen sich die Havarieszenarien schnell und unkompliziert durch das Betriebspersonal aktivieren? (siehe 4.3.1)   O ja   O nein

9. Wurden die Havarieszenarien getestet? Werden in regelmäßigen Abständen Havarieübungen durchgeführt und die Szenarien bei Bedarf angepasst? (siehe 3.4.3)   O ja   O nein

10. Existiert eine Notfalldokumentation, in der einfache Szenarien beschrieben werden und Telefonnummern von Ansprechpartnern für den Havariefall hinterlegt sind? (siehe 3.4.2)   O ja   O nein

11. Sind rund um die Uhr geschulte Mitarbeiter und Support-Hotlines erreichbar, die im Havariefall schnell und kompetent weiterhelfen können? (siehe 4.1.3.7 und 4.2.2)   O ja   O nein

7.1.2.3 Wirtschaftlichkeit

12. Sind die für die Havarieabsicherung anfallenden Kosten gerechtfertigt, d.h. nicht höher als die im Havariefall anfallenden Kosten? (siehe 3.3.4.4)   O ja   O nein

7.1.2.4 Erweiterbarkeit

13. Erfüllen die eingesetzten Systeme, gemessen am aktuellen Entwicklungsstand, die systemtechnischen Anforderungen an Modularität und offene Standards? (siehe 4.1.3)   O ja   O nein

14. Werden neue Systeme vor ihrer vollständigen Integration in die Produktionsumgebung hinreichend unter Produktionsbedingungen getestet? (siehe 4.2.1)   O ja   O nein

15. Werden neue Systeme umgehend in den Havarieszenarien und -übungen berücksichtigt? (siehe 3.4.3)   O ja   O nein

7.2 Fallbeispiel DPA – Digitales Produktionssystem Aktuelles

Am Beispiel des *Digitalen Produktionssystems Aktuelles* (DPA) des ZDF in Mainz soll nun die systemtechnische Analyse durchgeführt werden. Grundlage der Untersuchung sind das ZDF-interne DPA-Havariekonzept,[3] eine Beschreibung des DPA von RESCH/BAUMANN,[4] Gespräche mit ZDF-Mitarbeiter HARDT und eine statistische Erhebung unter den Systemadministratoren des ZDF (siehe Anhang A.5.1).

7.2.1 Systembeschreibung

Beim DPA handelt es sich um das erste komplett integrierte, digitale Produktionssystem des ZDF. Das bedeutet zum einen, dass abgesehen vom Ingest- und Sendevorgang alle Medienobjekte komplett digital und Datei basiert verarbeitet werden, zum anderen aber, dass alle an der Sendung beteiligten Produktionsbereiche (Redaktion, Produktion und Fernsehbetrieb) durch das System unterstützt werden. Das DPA dient der Produktion von Nachrichtensendungen und ist ein wichtiger Teil im Gesamtsystem des ZDF.

7.2.1.1 Workflow

Bei der Produktion mit dem DPA handelt es sich um einen sehr vielseitigen, komplexen Workflow. Vereinfacht lässt dieser sich wie folgt beschreiben[5]:

Die redaktionelle Vorarbeit wie die Planung der Sendeabläufe, das Buchen von Leitungen oder das Bereitstellen von Teleprmtertexten geschieht über das zentrale AVID iNews-System.[6] Damit ist sichergestellt, dass alle relevanten Redaktionsbereiche mit den gleichen Informationen arbeiten.[7] Eingehendes Material wird in HiRes[8] auf einen Aufzeichnungsserver und in LowRes[9] im Browse-SAN aufgezeichnet. Fertige Beiträge aus den ZDF-Außenstudios werden von dort direkt auf den Sendeserver übertragen, das andere Material wird durch den TransferManager auf einer Unity bereitgestellt. Das LowRes-Material kann nun über MediaBrowse

---
3 Vgl. [ZDF04].
4 Vgl. [RB04b].
5 Ausgangspunkt dieser Beschreibung ist ein intaktes System. Es existieren weitere Workflows.
6 Beim DPA handelt sich nahezu um eine Komplettlösung von AVID. Dazu gehören folgende Systeme: Unity, FileManager, MediaManager, TransferManager, iNews, NewsCutter, MediaBrowse und AirSpace-Server. Der besseren Lesbarkeit wegen wird der Hersteller nicht weiter genannt.
7 Vgl. [RB04b], S.5.
8 HiRes – Hoch aufgelöstes Material für die Produktion.
9 LowRes – Niedrig aufgelöste Browsekopie.

vom Redakteur gesichtet und grob geschnitten werden. Anschließend erfolgt am NewsCutter der Feinschnitt. Dazu wird die beim Grobschnitt entstandene EDL[10] importiert und, falls vorhanden, Material von EB-Teams direkt am NewsCutter eingespielt. Sobald ein Beitrag fertig ist, wird er auf den Sendeserver übertragen. Über iNews ist der Schlussredakteur jederzeit in der Lage, den Status aller Beiträge abzufragen. Für die Sendung wird abschließend aus dem iNews-Sendeablauf eine Playlist für die Broacast Control Workstation (BCWS) gewonnen.

7.2.1.2 Technischer Aufbau

Über digitale Videoleitungen eingehendes Material wird an einer Eingangskreuzschiene zunächst in FBAS- und DSC-Signale[11] zerlegt. Die DSC-Signale werden zum einen durch einen der sechs AirSpace-Aufzeichnungsserver in DVCPro-Daten[12] umgewandelt und gespeichert und zum anderen durch eine der zwölf DVCPro-MAZ-Maschinen für Havariefälle aufgezeichnet. Die Aufzeichnungsserver sind in der Lage, jeweils 48 Stunden DVCPro-Daten zu speichern. Insgesamt ist die gleichzeitige Aufzeichnung von bis zu zwölf Signalen möglich. Die FBAS-Signale werden über einen der sechs zweikanaligen Telemedia-Encoder stark komprimiert, in MPEG-1-Datenströme[13] umgewandelt und im Browse-SAN gespeichert. Der Zugriff auf dieses SAN wird durch eine Clusterlösung bestehend aus 8 Telemedia-Servern geregelt, die über ein 100 Mbit-Ethernet den zeitgleichen Zugriff von bis zu 250 Clients erlauben.

Das HiRes-Material wird nach der Aufzeichnung von den AirSpace-Servern über ein Gbit-Ethernet auf eine der zwei aktiven Unitys[14] kopiert. Dieser Vorgang wird durch vier TransferManager geregelt, welche die DVCPro-Daten in das AVID-eigene Format OMF umwandeln. Der Transfer kann für aktuelles Material mittels TWR[15] zeitgleich zur Aufzeichnung erfolgen. Die Daten stehen dann bereits nach etwa drei Minuten für die Bearbeitung zur Verfügung. Eine Unity setzt sich aus einem SAN[16], zwei FileManagern und zwei MediaManagern zusammen. An den Unitys sind über FibreChannel (FC) derzeit elf NewsCutter für den Schnitt und zwei NewsCutter für die Tonbearbeitung angeschlossen. Für die Übertragung fertiger Beiträge auf die beiden AirSpace-Sendeserver sind ebenfalls die Transfer-Manager zuständig.[17] (siehe Anhang A.5.3.1)

---

10 Edit decision list – Schnittliste.
11 Unkomprimierte Daten, 270 Mbit/s (Produktionsstandard ITU-R 601, Übertragung via SDI).
12 Komprimierte Daten, 25 MBit/s (HiRes).
13 Stark komprimierte Daten: 1.500 kBits/s (LowRes).
14 Für Testzwecke existiert noch eine dritte Unity.
15 TWR – Transfer While Recording.
16 Derzeitige Speicherkapazität: 7,3 TByte. Das entspricht ca. 250 Stunden mit 25 Mbits/s.
17 Vgl. [RB04b], S.3*f*.

7.2.2 Analyse des Havariekonzeptes

Die Schwierigkeit bei der Entwicklung eines geeigneten Havariekonzeptes für das DPA bestand darin, dass bis dahin keine vergleichbaren Systeme installiert worden waren. Daher wurden erste Strategien in Anlehnung an IT-Systeme entwickelt. Man stellte jedoch schnell fest, dass nicht die Datensicherheit das eigentliche Problem war, sondern die Gewährleistung des Zugriffs auf die Daten. Die Sicherheit der Media- und Metadaten ist durch interne Redundanzen und verteilte Speicherung weitestgehend abgesichert. Hinzu kommt, dass in einer aktuellen Produktion das Material von einer bis zur nächsten Sendung oft schon veraltet ist und nicht mehr gebraucht wird. Deshalb ist es besonders wichtig, dass mit dem vorhandenen Material sendetaugliche Beiträge erstellt werden können. Dabei spielt es keine Rolle, über welchen Weg und über welches Medium das Material dabei transportiert und bearbeitet wird.

Die Weiterentwicklung des Havariekonzeptes geschah und geschieht beim ZDF immer in dem Maße, wie Fehler auftreten oder mögliche Fehler erkannt werden und die finanzielle Lage es zulässt. Dadurch ist die Wahrscheinlichkeit, dass eine Havarie im DPA zu einem Totalausfall führt, inzwischen sehr gering.

7.2.2.1 Havariestrategien

Das DPA-Havariekonzept ist in Form eines internen Informationsblattes dokumentiert[18], welches den Systemadministratoren zur Verfügung steht. Im Havariefall ist vorgesehen, dass sich die Mitarbeiter an die Cutter vom Dienst bzw. Administratoren wenden. Die Administratoren entscheiden, welches Szenario eingetreten ist und welche Maßnahmen zu ergreifen sind, da nur sie den Überblick haben, welche Systeme von der Havarie betroffen sein können. Dieses DPA-Havariekonzept beschreibt vier verschiedene Szenarien, die an dieser Stelle analysiert werden sollen. Dazu wird das DPA als Hauptfunktionsbereich des ZDF in mehrere Funktionsbereiche unterteilt (siehe **Abbildung 7.1**):

1. Allgemeines ZDF-Netzwerk
2. Aufzeichnung
3. Redaktionsnetzwerk
4. Zentrales DPA-Netzwerk
5. Speicherung (Unity)
6. Editing (NewsCutter)
7. Sendeserver

Fällt auf der Ebene der Funktionsbereiche ein ganzes Segment aus oder wird die Kommunikation zwischen den Funktionsbereichen gestört, so muss auf Havarieworkflows zurückgegriffen werden (siehe 4.3.3). Die Anlagen und Anlagenteile in-

---

18 Vgl. [ZDF04].

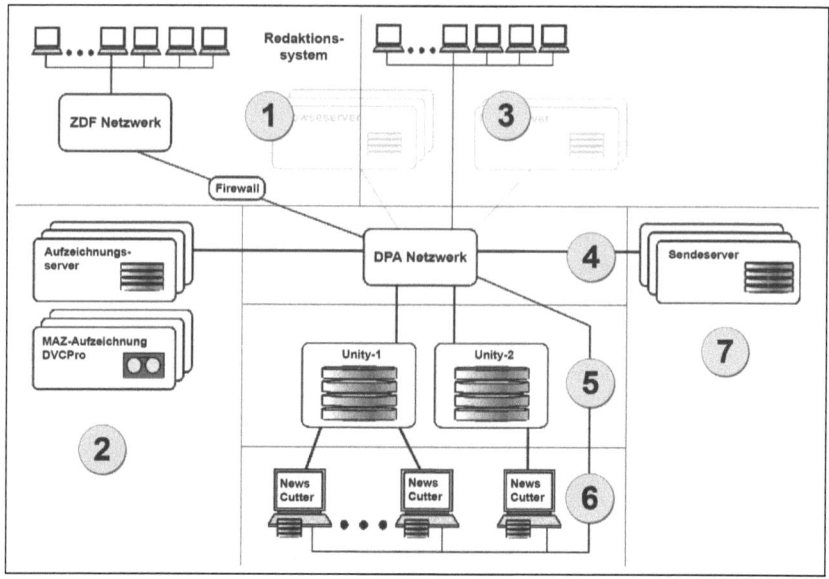

Abbildung 7.1: Funktionsbereiche des DPA (Quelle: [ZDF04])

nerhalb der Funktionsbereiche sind durch Failover-Systeme abgesichert, auf Komponentenebene wird teilweise mit internen Redundanzen gearbeitet.

Ausfall des allgemeinen ZDF-Netzwerkes

Fällt das allgemeine ZDF-Netzwerk aus, so werden alle angeschlossenen Clients vom DPA getrennt, wodurch aus dem ZDF-Netzwerk heraus kein Browsing und kein Zugriff auf den Newsserver mehr möglich ist. Das DPA-Netzwerk ist durch eine interne Firewall geschützt, so dass der Produktionsbetrieb innerhalb des DPA ungestört weiterlaufen kann. Für Redakteure bedeutet dies insofern einen geänderten Workflow, als dass sie einen Redaktions-PC innerhalb des DPA-Netzwerkes aufsuchen und gegebenenfalls bestimmte Daten in gedruckter Form bzw. auf einem Datenträger mitnehmen müssen.

Havarie in der Aufzeichnung

Fällt der gesamte Funktionsbereich Aufzeichnung aus, wie **Abbildung 7.2** zeigt, so hat dies zur Folge, dass zum einen kein Material über die Videoserver auf die

7.2 Fallbeispiel DPA – Digitales Produktionssystem Aktuelles 99

Unity gelangen kann und zum anderen das Material nicht als Browsekopie vorliegt. In diesem Fall wird das Material über Videobänder direkt am NewsCutter

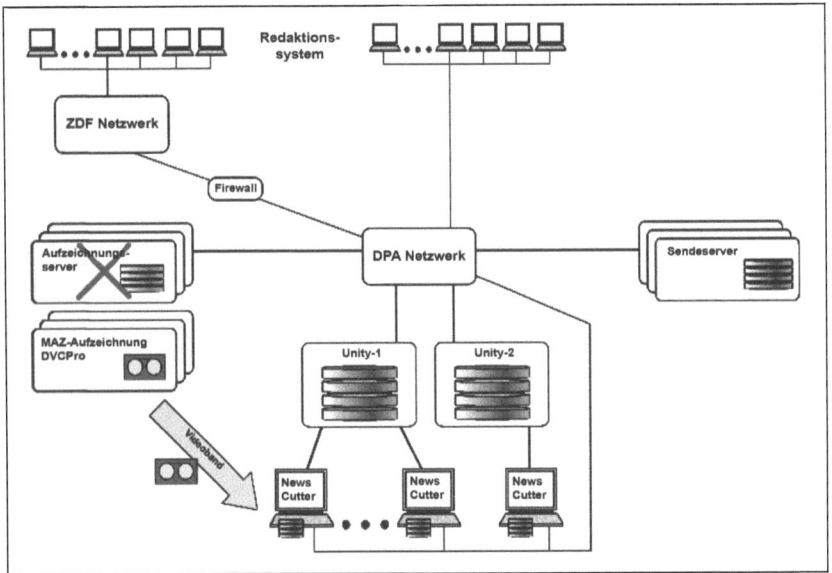

Abbildung 7.2: Havarieworkflow für die Aufzeichnung (Quelle: [ZDF04])

eingespielt. Für den Redakteur bedeutet dies, dass keine Möglichkeit besteht, das Material vorab zu sichten oder einen Rohschnitt zu erstellen. Sichtung und Schnitt geschehen direkt am NewsCutter. Gleiches gilt, falls das Material zwar eingespielt, aber keine Browsekopie erstellt werden konnte.

Sollte ein Aufzeichnungsserver während der Aufzeichnung ausfallen, die Browsekopie jedoch ordnungsgemäß erstellt werden konnte, so kann der Redakteur wie gewohnt weiterarbeiten. Das bis zum Ausfall aufgezeichnete Material ist in der Regel bereits auf die Unity-1 überspielt worden und steht für den Schnitt zu Verfügung. Das fehlende Material kann von einem Havarieband über eine DVCPro-MAZ direkt am NewsCutter eingespielt werden.

Ausfälle von Aufzeichnungsservern, MAZen oder Encodern können im Normalfall durch die übrigen Systeme kompensiert werden. Diese fungieren als Failover-Systeme. Statt der zwölf Aufzeichnungsleitungen stehen dann entsprechend weniger zur Verfügung, was im normalen Betrieb zu verkraften ist. Das Browsesystem wurde als Clusterlösung mit acht Servern konzipiert, die auf ein gemeinsames SAN zugreifen. Fällt ein Server aus, so verringert sich die Anzahl der Clients, die gleichzeitig auf das Browsesystem zugreifen können. Fällt das gesamte Browsesystem aus, so steht ein Havarie-Browsesystem mit zwanzig parallelen Leitungen für die Aufzeichnung bereit, um zumindest einen reduzierten Betrieb zu ermöglichen.

Eine Absicherung durch interne Redundanzen erfolgt nur für die wichtigsten Systeme. So sind beispielsweise die Aufzeichnungsserver durch doppelte Netzteile geschützt und es stehen vier SDI-Eingänge zur Verfügung, von denen im Normalfall nur zwei genutzt werden. Die Speicherung im SAN wird über ein RAID-System abgesichert.

Ausfall des zentralen Bearbeitungsspeichers Unity

Der Ausfall eines der Bearbeitungsspeicher Unity-1 oder Unity-2, dargestellt in **Abbildung 7.3**, hat zur Folge, dass der Schnitt an den angeschlossenen NewsCuttern lokal erfolgen muss. Solange der Umstieg auf die andere Unity nicht erfolgt ist, erfolgt der Materialtransport über MAZ-Bänder oder via SDI direkt vom Aufzeichnungsserver zum NewsCutter. Nach dem Umstieg wird die andere Unity mit dem relevanten Material aus den Aufzeichnungsservern neu befüllt, so dass die Produktion wie gewohnt fortgeführt werden kann. Sollte einmal keine Unity zur Verfügung stehen, so wird nur lokal auf den NewsCuttern produziert.

Bevor es zum Komplettausfall einer Unity kommt, greifen allerdings weitere Mechanismen: Bei einer Unity handelt es sich um ein komplexes System aus dem eigentlichen Speicher, dem FileManager, dem MediaManager und einem FC-Netzwerk. Die Speicherung der Mediadaten erfolgt durch ein RAID-0 ähnliches, AVID-spezifisches Protokoll voll redundant. Kommt es zu Fehlern auf einer Festplatte, besteht allerdings das Problem, dass im schlimmsten Falle die komplette Unity lahmgelegt wird. Dies lässt sich durch manuelles Ausklinken der defekten Festplatte vermeiden. Dieser Vorgang dauert etwa zehn Minuten. FileManager und MediaManager sind jeweils zwei Mal vorhanden. Die Umschaltung auf das jeweilige Failover-System erfolgt manuell und ist mit einem Neubefüllen der Unity verbunden.[19] Neben RAID-0 existieren interne Redundanzen nur in Form doppelter Netzteile in den Festplatten-Chasis.

---

19 Die Umschaltung aufs Failover-System ließe sich automatisieren, hätte aber zur Folge, dass korrupte Daten das Failover-System ebenso lahm legen könnten.

7.2 Fallbeispiel DPA – Digitales Produktionssystem Aktuelles

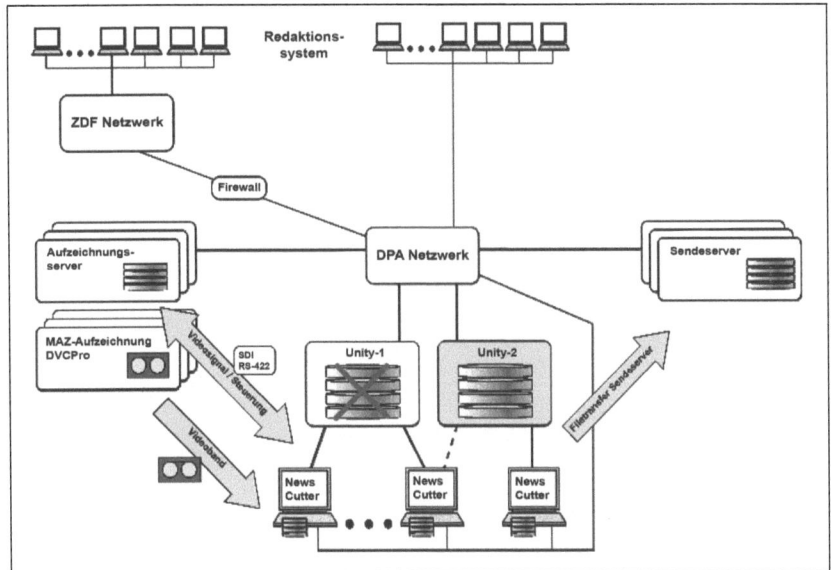

Abbildung 7.3: Havarieworkflow bei Ausfall einer Unity (Quelle: [ZDF04])

Ausfall des gesamten DPA-Netzwerkes

Bei dem in **Abbildung 7.4** visualisierten Ausfall des gesamten DPA-Netzwerkes handelt es sich um den „größten anzunehmenden Havariefall", da Kommunikation aller Funktionsbereiche nicht mehr möglich ist. „In diesem Fall stehen nur noch rudimentäre Produktionsmöglichkeiten zur Verfügung."[20] Sämtlicher Materialtransport erfolgt dann über DVCPro-MAZ-Bänder und SDI-Leitungen,[21] wie in den anderen Szenarien zum Teil schon beschrieben. Redaktionelle Sendeabläufe müssen über eine lokale iNews-Datenbank realisiert werden. Der Transport der Informationen über Sendeabläufe, Moderations- und Telepromptertexte erfolgt über Papierausdrucke. Die fertigen Beiträge müssen entweder auf Magnetband ausgespielt oder direkt vom NewsCutter via SDI in die Senderegie übertragen werden. Dazu bestehen zwischen einigen NewsCutter und der Senderegie Kommando-Verbindungen.

Damit es nicht zu diesem Worst-Case-Szenario kommt, ist der Backbone-Switch im DPA-Netzwerk hoch redundant ausgelegt. Neben doppelten Netzteilen sind doppelte Einschübe und hinreichend freie Ports vorhanden.

---
20 Quelle: [ZDF04], S.4.
21 Die Ansteuerung der Aufzeichnungsserver erfolgt in diesem Falle über RS-422.

102   7 *Systemtechnische Analyse von Havariekonzepten*

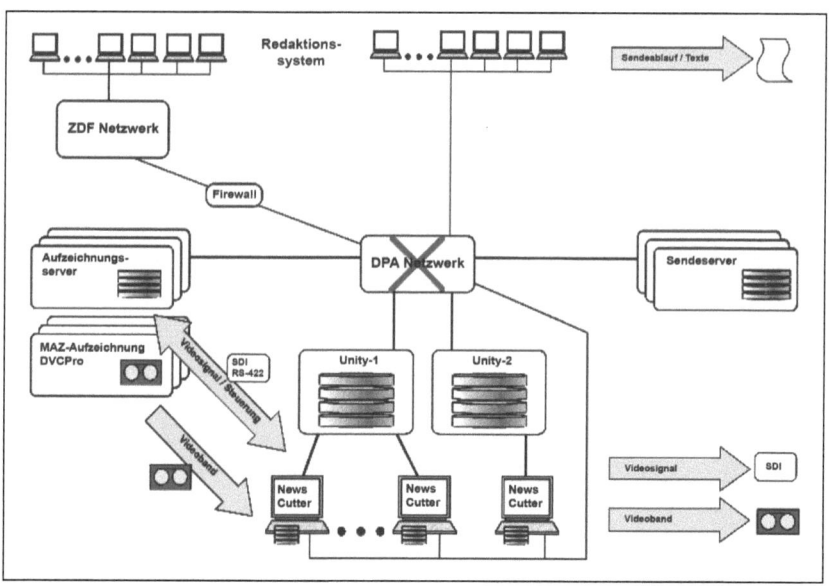

Abbildung 7.4: Havarieworkflow bei Ausfall des DPA-Netzes (Quelle: [ZDF04])

Da ein solcher Ausfall das DPA besonders empfindlich treffen würde, laufen derzeit Überlegungen, wie das DPA-Netzwerk noch besser geschützt werden kann. Angedacht ist zum einen die redundante Auslegung des Backbone-Switches[22] und zum anderen die Installation eines einfachen, separaten Netzwerkes, welches bei einem Ausfall manuell nach den jeweiligen Bedürfnissen verkabelt werden kann.

7.2.2.2 Verantwortlichkeiten

Im Havariefall wird durch die *Systemadministratoren* festgelegt, welches Produktionsszenario eingetreten ist, also „welche Komponenten und Systemteile nicht zur Verfügung stehen und welche Havarieszenarien sich daraus ergeben"[23]. Sie helfen bei der praktischen Umsetzung und kümmern sich um die Wiederherstellung des Systems. Alle redaktionellen Entscheidungen werden durch den *Schlussredakteur* getroffen. Dazu gehört die Priorisierung der Beiträge und ihre Positionierung im Sendeablauf. Fragen der Bereitstellung von Sende- und Ersatzbeiträgen werden

---

22 Großes Problem dabei ist die regelmäßige Aktualisierung der Konfiguration des Backup-Systems.
23 Quelle: [ZDF04], S.1.

7.2 Fallbeispiel DPA – Digitales Produktionssystem Aktuelles

im Havariefall durch die *KP-Kollegen*[24] geklärt, da diese den nötigen Überblick über alle Beiträge haben. „Die Verantwortung für eine optimale Nutzung der im Havariefall eingeschränkten Bearbeitungsmöglichkeiten für Sendebeiträge liegt im Wesentlichen beim *Superuser*."[25] Der reibungslose Ablauf erfordert eine enge Abstimmung zwischen allen beteiligten Personen. Die detaillierte Informationskette ist im Anhang A.5.3.2 zu finden.

7.2.2.3 Havarieübungen und Schulungen

Die Mitarbeiter des ZDF werden je nach Aufgabenbereich an den Produktionssystemen geschult. Zusätzlich werden in bestimmten Abständen Havarieübungen durchgeführt. Dazu werden Zeit unkritische Beiträge unter Havariebedingungen produziert. Ein solches Szenario ist die Produktion eines Beitrages an einem News-Cutter unter Ausschluss der Unity. Andere Szenarien wie beispielsweise der Ausfall eines Ingestservers müssen nicht weiter geprobt werden, da solche Ausfälle hin und wieder passieren und die Mitarbeiter mit diesen Szenarien aus dem normalen Produktionsbetrieb heraus vertraut sind.

7.2.2.4 Monitoring

Monitoring findet im DPA nicht statt. Laut HARDT ist die Meldung von Problemen durch die Nutzer des DPA wesentlich schneller und zuverlässiger, als es ein Monitoringsystem derzeit sein könnte. Es kommt erschwerend hinzu, dass die meisten Hersteller zwar SNMP unterstützen, dieses aber noch nicht implementiert haben, so dass eine zentrale Überwachung momentan nicht realisierbar ist (siehe 4.3.4). Als Vorsorgemaßnahme werden alle Systeme in regelmäßigen Abständen – täglich bis wöchentlich – neu gestartet, so dass viele Fehler frühzeitig erkannt werden können.

7.2.2.5 Dokumentation von Havariefällen

Havariefälle werden beim ZDF im Rahmen von täglichen Sitzungen ausgewertet. Es erfolgt dabei keine detaillierte Dokumentation von Hardwareausfällen, die immer mal wieder auftreten.[26] Sollte es zu einer Häufung bestimmter Ausfälle

---

24 Kontrollplatz-Kollegen sind zuständig für die Bereitstellung und Vollständigkeit der Sendebeiträge (hier für das Nachrichtenstudio „N").
25 Quelle: [ZDF04], S.1. Der Superuser (Cutter vom Dienst), verfügt über besondere Fähigkeiten im Umgang mit den NLE-Systemen, kann einschätzen welcher Cutter und welches System für bestimmte Aufgaben am besten geeignet ist und ist erster Ansprechpartner bei Problemen mit den NewsCuttern.
26 In der Regel handelt es sich um Verschleiß bedingte Ausfälle bei Festplatten, Switches etc.

kommen, so lässt sich dies im Gespräch feststellen und es können Gegenmaßnahmen eingeleitet werden. Treten größere Havarien auf, müssen unter Umständen existierende Havariestrategien überdacht werden.

7.2.3 Bewertung des Havariekonzeptes

Die Bewertung erfolgt anhand der in Punkt 7.1.2 zusammengestellten Checkliste:

1. *Erläuterung*: Die eingesetzten Systeme laufen relativ stabil und zuverlässig und erfüllen damit weitestgehend die systemtechnischen Anforderungen.	√ *ja* O *nein*
2. *Erläuterung*: Die aus der Entwicklung resultierenden Risiken werden reduziert, indem neue Systeme sowie Updates detailliert unter Produktionsbedingungen getestet werden, bevor die endgültige Integration in den Produktionsprozess erfolgt. Falls nötig wird direkt mit den Herstellern zusammengearbeitet. Der Schutz vor fehlerhafter Bedienung erfolgt durch umfangreiche Mitarbeiterschulungen und die Kontrolle, wer zu welchem System Zugang erhält. Sabotagen von außen wird durch eine interne Firewall vorgebeugt, die das DPA-Netzwerk vom übrigen Netzwerk trennt.	√ *ja* O *nein*
3. *Erläuterung*: Denkbare Fälle, bei denen die Erfüllung des Programmauftrages nicht gewährleistet werden kann, sind der Ausfall des zentralen Backbone-Switches oder der Ausfall eines sendekritischen Gerätes (z.B. Bildmischer in der Senderegie) während oder unmittelbar vor einer Sendung. Eine 100%-ige Ausfallsicherheit existiert nicht. Jedoch werden dort besonders ausfallsichere Geräte verwendet.	O *ja* √ *nein*
4. *Erläuterung*: Prinzipiell ist eine 3-stufige Absicherung zu erkennen: Interne Redundanzen werden im DPA allerdings nur bei einigen besonders wichtigen Systemen eingesetzt. Alle anderen Systeme sind mindestens durch ein Failover-System abgesichert, ausgenommen der zentrale Backbone-Switch. Auf der Workflow-Ebene existieren i.d.R. zwei oder mehr Havarieworkflows (siehe Anhang A.2.3).	O *ja* √ *nein*
5. *Erläuterung*: Es existiert keine umfassende Überwachung aller Systeme durch ein zentrales Monitoring.	O *ja* √ *nein*
6. *Erläuterung*: Die produktionsunterstützenden Systeme wie Strom, Kommunikation und Licht sind hinreichend abgesichert.	√ *ja* O *nein*

7.2 Fallbeispiel DPA – Digitales Produktionssystem Aktuelles

7. *Erläuterung*: Die Umschaltung auf Failover-Systeme erfolgt im DPA meist manuell. Anschließend werden die Failover-Systeme mit den relevanten Daten neu befüllt. Damit soll verhindert werden, dass Softwarefehler automatisch dupliziert werden.   O *ja*   √ *nein*

8. *Erläuterung*: Bei der Entwicklung des DPA-Havariekonzeptes wurde bewusst darauf geachtet, dass Havarieszenarien vom Betriebspersonal einfach und schnell aktiviert werden können. Der genaue Ablauf wird in regelmäßigen Havarieübungen trainiert.   √ *ja*   O *nein*

9. *Erläuterung*: Beim ZDF wird die Produktion unter Havariebedingungen immer wieder trainiert und das Havariekonzept bei Bedarf angepasst.   √ *ja*   O *nein*

10. *Erläuterung*: Es existiert eine einfache Nofalldokumentation in Form des DPA-Havariekonzeptes, welches den Administratoren zur Verfügung steht. Diese sind im Havariefall Ansprechpartner für alle anderen Mitarbeiter.   √ *ja*   O *nein*

11. *Erläuterung*: Rund um die Uhr sind mindestens ein Cutter vom Dienst, ein KP-Kollege und ein Systemadministrator vor Ort erreichbar. Darüber hinaus ist die 24-stündige Hilfe durch Support-Hotlines gewährleistet.   √ *ja*   O *nein*

12. *Erläuterung*: Laut ZDF-Mitarbeiter HARDT sind die Investitionen für das bestehende Havariekonzept in vollem Umfang gerechtfertigt.   √ *ja*   O *nein*

13. *Erläuterung*: Zwar ist mit der Einführung von MXF ein großer Schritt getan, jedoch reicht dies noch nicht. Beispielsweise gibt es komfortablere Lösungen für Browseclients, als AVID MediaBrowse, die man gern beim ZDF einsetzen würde. Jedoch decken diese nicht alle benötigten Funktionalitäten ab, weil keine offenen Schnittstellen für eine Gesamtintegration von Ingest, Bearbeitung, Sendung und Redaktionssystem existieren.   O *ja*   √ *nein*

14. *Erläuterung*: Vor der kompletten Integration in den Produktionsbetrieb werden neue Systeme ausführlich getestet.   √ *ja*   O *nein*

15. *Erläuterung*: Das DPA-Havariekonzept wird ständig erweitert und verbessert.   √ *ja*   O *nein*

7.2.4 Fehlerbaumanalyse am DPA-Modell

Zur Analyse wurde ein vereinfachtes Modell des DPA erstellt (siehe **Abbildung 7.5**). Dieses Modell berücksichtigt Aufzeichnung, DPA-Netzwerk, Unity-Umgebung, Redaktion und Sendeserver. Ist mehr als nur ein Failover-Systeme vorhanden, werden in diesem Modell nur zwei Systeme abgebildet. Eine weitere Ver-

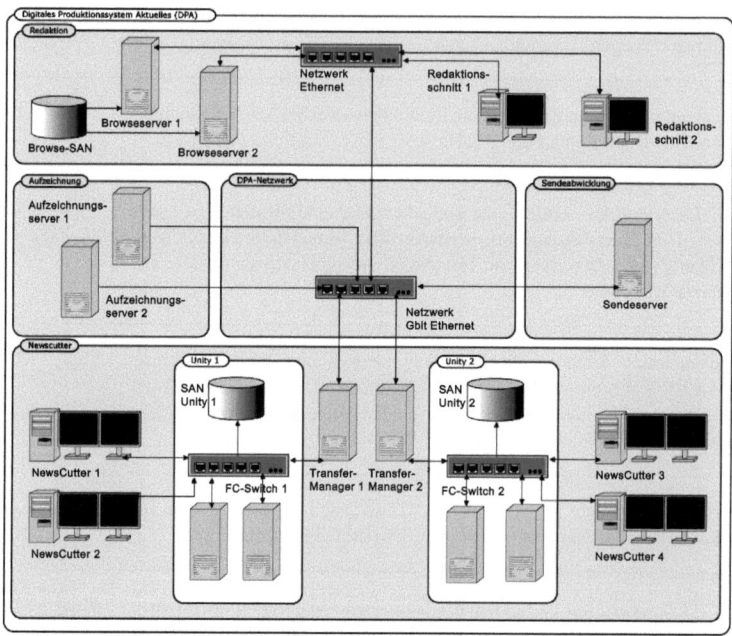

Abbildung 7.5: Vereinfachtes Modell des DPA für die Simulation mit PlaTo

einfachung besteht in der Auslassung des Materialeinganges mit Kreuzschiene, MAZ-Maschinen und MPEG1-Encodern. An dieser Hardware basierten Modellierung sollen die messbaren Auswirkungen analysiert werden, die sich aus der Nutzung von Backup-Systemen ergeben. Dazu wird das Modell mit aktiven und mit inaktiven Backup-Systemen verglichen. Unter Verwendung der aus dem Online-Fragebogen (siehe Anhang A.5.2) gewonnen Werte, ergeben sich aus der Fehlerbaumanalyse folgende Ergebnisse:

7.2 Fallbeispiel DPA – Digitales Produktionssystem Aktuelles

DPA[27]	mit Failover-Systemen	ohne Failover-Systeme
Auftrittswahrscheinlichkeit:	$H_0 = 6,91\%$	$H_0 = 107,40\%$
Nichtverfügbarkeit:	$U_0 = 2,24\%$	$U_0 = 2,24\%$
Verfügbarkeit:	$V_0 = 97,76\%$	$V_0 = 97,76\%$

DPA, nur die Unity[28]	mit Failover-System	ohne Failover-System
Auftrittswahrscheinlichkeit:	$H_0 = 4,78\%$	$H_0 = 31,40\%$
Nichtverfügbarkeit:	$U_0 = 1,48\%$	$U_0 = 1,48\%$
Verfügbarkeit:	$V_0 = 98,52\%$	$V_0 = 98,52\%$

Diese beiden Beispiele zeigen, dass der Einsatz von Backup-Systemen über mehrere Ebenen hinweg zu einer extremen Minimierung der Eintrittswahrscheinlichkeit von Havarien führt. Die Minimierung ist um so größer, je mehr Systeme redundant ausgelegt werden. Die Verfügbarkeit bzw. Nichtverfügbarkeit des TOP-Ereignisses ist von der Art der verwendeten Systeme abhängig und wird durch die Auswahl der Backup-Systeme nicht verändert.

Mit der Einführung IT-basierter Systeme wird die Betrachtung der Softwarebeziehungen ebenso wichtig wie die Betrachtung der Hardware. Die Schwierigkeit besteht darin, dass sich Software-Systeme nur schwer durch Blockschaltbilder darstellen lassen. Schon die in **Abbildung 7.6** gewählte Abstraktionsebene zeigt, wie komplex die Modellierung der Software im Vergleich zur Hardware wird, obwohl in diesem Modell nur ein Teil der Softwarebeziehungen und nur einige Backup-Systeme abgebildet wurden.[29] Eine wesentlich detailliertere Modellierung scheint nicht sinnvoll, da viele der ablaufenden Prozesse zu stark vernetzt sind. Es bleibt zu prüfen, ob eine Modellierung und Analyse des Workflows unter Berücksichtigung der beteiligten Hard- und Software gegebenenfalls besser geeignet ist.

7.2.5 Auswertung der Systemanalyse

Die Tatsache, dass aufgrund von Havarien im DPA seit Inbetriebnahme nur ein oder zweimal Beiträge nicht rechtzeitig fertig gestellt werden konnten und ausfallen mussten, zeigt, wie gut das DPA-Havariekonzept greift. Das liegt nicht zuletzt an der guten Planung, den umfangreichen Tests vor der Integration neuer Systeme und an der ständigen Weiterentwicklung des bestehenden Konzeptes.

---

27 Digitales Produktionssystem Aktuelles (DPA) mit Failover-Systemen siehe **Abbildung 7.5** und **A.10** und ohne Failover-Systeme siehe **Abbildung< A.11**.
28 Nach Deaktivierung des Redaktionsnetzwerkes, der Browseserver und der Aufzeichnungsserver.
29 Fehlerbäume siehe **Abbildung A.12**.

108 7 Systemtechnische Analyse von Havariekonzepten

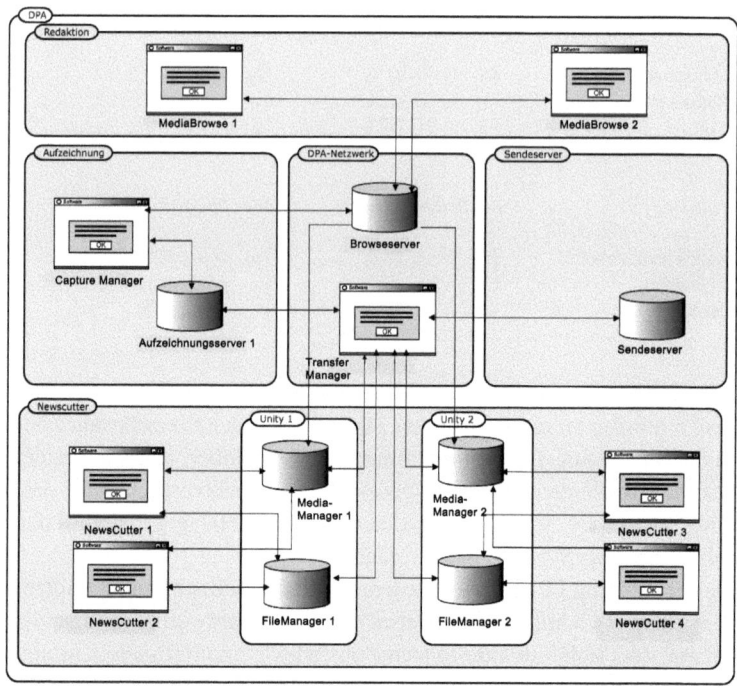

Abbildung 7.6: Vereinfachtes Modell der DPA-Software

Dennoch existieren einige Schwachstellen. Die größte Schwachstelle liegt im Backbone-Switch des DPA-Netzwerkes. Da alle Informationen über diesen einen Switch laufen, hätte ein Ausfall an dieser Stelle fatale Auswirkungen für alle angeschlossenen Systeme. Man ist sich beim ZDF dieser großen Gefahr jedoch bewusst und es wird überlegt, wie sich dieser zentrale Knotenpunkt besser absichern lässt. Angedacht ist die Installation eines Failover-Systems oder eines entkoppelten Netzwerkes, welches im Havariefall manuell nach Bedarf konfiguriert werden kann. Schwachstelle einer jeden Fernsehproduktion sind alle Systeme, die direkt in den Sendeweg integriert sind, wie beispielsweise die Bild- und Tonmischer in der Senderegie. Fällt ein solches Gerät aus, wird es immer zu einem sichtbaren Sendeausfall kommen. Die einzige, bestehende Möglichkeit, ist die Verwendung extrem stabiler und zuverlässiger Komponenten (Vgl. 7.1.2). Die übrigen Punkte, welche in der Checkliste mit *nein* beantwortet werden mussten, sind auf den momentanen Entwicklungsstand zurückzuführen. So ist ein durchgängiges Monitoring derzeit technisch nicht realisierbar, wäre aber auch beim ZDF durchaus erwünscht, und von einer automatisierten Umschaltung auf Failover-Systeme wird Abstand genommen, da die Wahrscheinlichkeit zu groß ist, dass durch das Kopieren korrupter Daten auch das Failover-System versagt.

Zusammenfassend lässt sich sagen, dass es sich beim DPA-Havariekonzept des ZDF um ein funktionierendes, ausgereiftes und praxisnahes Havariekonzept handelt, von dem man bei der Planung neuer Systeme viel lernen kann. Dies wird auch deutlich, wenn man einen Vergleich mit ähnlichen Projekten wie dem „hr Newsroom" anstellt. Dabei handelt es sich um eine etwas kleinere Newsroom-Lösung,[30] welche die Trennung von Aufzeichnung, Redaktion, Schnitt und Ausspiel nicht so konsequent umsetzt und sich neben den Havarieworkflows zu stark auf die Automatisierungsmechanismen der Unity und anderer Failover-Lösungen stützt.[31]

7.3 Entwicklung von Havariekonzepten

Ein Blick in die Praxis zeigt, dass die Herangehensweise an die Entwicklung eines Havariekonzeptes von Fall zu Fall verschieden ist. Ein besonderes methodisches Vorgehen ist nicht zu erkennen.[32] Einen ersten Ansatz bietet dazu das hier vorgestellte Vorgehen bei der Bewertung solcher Konzepte.

Die Entwicklung sollte beginnend in der Planungsphase eines Produktionssystems bis weit in den Betrieb hinein berücksichtigt werden. Dazu ist es angebracht, schon während der Planung Risikoanalysen durchzuführen. Anschließend empfiehlt es sich, das Produktionssystem in die verschiedenen Komplexitätsebenen zu zerlegen, die Relevanz der verschiedenen Elemente für den Produktionsprozess zu definieren und eine detaillierte Workflow-Analyse durchzuführen. Mit dieser Grundlage können entlang der Komplexitätsebenen vom Groben ins Detail die Sicherheitsmaßnahmen nach dem 3-Stufen-Modell festgelegt werden. Je wichtiger ein System ist, desto tiefer und differenzierter ist die Absicherung vorzunehmen, gegebenenfalls bis in die Komponentenebene.

Bei herkömmlicher Technik kann dabei auf erprobte Mechanismen zurückgegriffen werden. Soll IT-basierte Technik eingesetzt werden, so ist das meist nicht möglich. Daher sind ausführliche Testläufe unter Produktionsbedingungen notwendig, um die Schwachstellen auszumachen und geeignete Gegenmaßnahmen ergreifen zu können. Die Entwicklung von Havariekonzepten für die IT-basierte

---

30 Die produktive Testphase war im Juni, technische Abnahme des Systems Ende August 2004.
31 Vgl. [Kay04].
32 Experteninterview W. BOIE, siehe Anhang A.5.1.

Fernsehproduktion muss als iterativer Prozess verstanden werden, der mit Installation und Inbetriebnahme des Systems nicht abgeschlossen ist.

7.4 Praktische Erfahrungen bei ProSiebenSat.1

Im Anschluss an die Untersuchungen beim ZDF konnten die Erkenntnisse dieser Arbeit bei der ProSiebenSat.1 Produktion zwischen 2006 und 2008 in verschiedenen Projekten eingehender auf ihre Praxistauglichkeit geprüft werden. Im Rahmen des Projektes „Essence Management & Storage Aktuelles" wurde beispielsweise untersucht, wie die aktuelle Produktion bei den Sendern Sat.1, ProSieben, kabel eins und N24 sukzessive auf eine rein filebasierte Produktion umgestellt werden kann.[33] Neben der Betrachtung des zu unterstützenden Produktionsprozesses wurde auch eine intensive Untersuchung möglicher Havariefälle durchgeführt. Aufgrund der Vielzahl wurden sämtliche mögliche Systemausfälle nach Ausfallwahrscheinlichkeit und Höhe des zu erwartenden Schadens klassifiziert.[34]

Um insbesondere das Schadensausmaß messbar und die Klassifizierung für alle Beteiligten greifbar zu machen, wurde die folgende Festlegung getroffen: Ist die geforderte Reaktionszeit, bis ein Havarieszenario aktiviert werden muss, länger als 24 Stunden, so ist der Ausfall als *unbedeutend* zu bewerten. Bei bis zu 24 Stunden ist ein Ausfall als *marginal*, bei bis zu 60 Minuten ist ein Ausfall als *kritisch* und bei bis zu 10 Minuten als *katastrophal* einzustufen. Von den 44 betrachteten Systemen wurden 29 Systeme mit einem unerwünschten, 14 Systeme mit einem tolerablen und ein System mit einem zu vernachlässigenden Risiko bewertet.[35] Für kein einziges System wurde ein intolerables Risiko identifiziert.[36] Für die Systeme, für die eine unerwünschtes Risiko identifiziert wurde, wurde im Rahmen des Projektes geprüft, ob bereits Havarieszenarien für den Systemausfall existieren. War dies nicht der Fall, so wurden im Folgenden detaillierte Havarieszenarien entwickelt.[37] Eine etwas abgewandelte Form der Risikomatrix dient im hauseigenen Havariehandbuch als Entscheidungshilfe bei der Bewertung von Havariefällen und der Auswahl geeigneter Handlungsoptionen.

---

33 Vgl. [Ga06], S.28ff.
34 Bei der Klassifizierung kam die in Punkt 3.2.4.2 vorgestellte Risikomatrix nach [DIN 50 126] zum Einsatz.
35 Die Tatsache, dass derart viele Systeme mit einem unerwünschten Risiko identifiziert wurden, lässt sich auf die Echtzeitcharakteristik der Fernsehproduktion und die hohe Relevanz des Essence Managements in einer filebasierten Produktionsumgebung zurückführen.
36 Wird bei einem System ein intolerables Risiko eines Systemausfalles festgestellt, so sollte die Systementscheidung in Frage gestellt werden. Alle anderen Risikostufen lassen sich durch geeignete Maßnahmen minimeren.
37 Vgl. [KZ06], S.109ff.

7.4 Praktische Erfahrungen bei ProSiebenSat.1

Die praktische Projektarbeit bei der ProSiebenSat.1 Produktion hat gezeigt, dass die vorgestellten wissenschaftlichen Methoden in der Lage sind, in komplexen Projekten den Entscheidungsprozess praktikabel zu unterstützen, indem sie Entscheidungshilfen zur Verfügung stellen und die Komplexität zum Teil erheblich reduzieren. Auch die Idee der Fehlerbaumanalyse ist auf großes Interesse gestoßen, jedoch fehlen zu deren Anwendung bislang nutzbare Implementierungen.

8 Zusammenfassung

Havarien waren und werden auch weiterhin ein wichtiges Thema in der Fernsehproduktion sein. Das gilt insbesondere für zeitkritische Produktionen wie Nachrichten, Magazine und Livesendungen jeder Art.
Allerdings wird der Schwerpunkt der Havariebetrachtung durch die Einführung IT-basierter Systeme und die starke Vernetzung aller Bereiche auf die Betrachtung von Havarieworkflows verschoben, während es bei herkömmlichen Produktionssystemen in der Regel ausgereicht hat, mit internen Redundanzen und Failover-Systemen zu arbeiten. Zusätzlich ergeben sich aus dieser Umstellung große Probleme bei der Automatisierung. War die automatische Umschaltung auf Havariesysteme bislang problemlos möglich, so besteht durch den zunehmenden Einsatz von Software die Gefahr, dass im Failover-System durch gespiegelte, fehlerhafte Daten genau derselbe Fehler auftritt, so dass die Absicherung dadurch zunichte gemacht wird. Das führt dazu, dass viele Umschaltungen wieder manuell durchgeführt werden.

Das DPA-Havariekonzept des ZDF zeigt, wie sich die Komplexität einer IT-basierten Produktionsumgebung bewältigen lässt. Es ist zu sehen, dass die Entwicklung von Havariekonzepten in der Projektierungsphase eines Systems beginnt und im Produktionsbetrieb weitergeführt werden muss. Ein Analyse- und Planungstool wie PlaTo kann dabei ein geeignetes Mittel zu Visualisierung und objektiven Beurteilung bestimmter Fragestellungen darstellen. Die Fehlerbaumanalyse als spezielle Methode eignet sich zur Beurteilung der Havariesicherheit eines Fernsehproduktionssystems und erleichtert die Fehlersuche. Um zuverlässige Ergebnisse zu erhalten, bedarf es jedoch detaillierter Statistiken über Ausfallzeiten und Reparaturraten der verwendeten Systeme, wie sie in der Industrie bereits seit längerem existieren. Über die Beurteilung durch Experten lassen sich aber zumindest aussagekräftig Tendenzen aufzeigen.

Im Rahmen dieser Arbeit wurden einige Problemstellungen aufgeworfen, deren weitere Untersuchung lohnenswert und nützlich erscheint:

- die Ermittlung *statistischer Zuverlässigkeitskenngrößen* für Anlagen und Komponenten von Fernsehproduktionssystemen, um eine objektive, auf statistischen Werten basierende Analyse zu ermöglichen,

- die Zusammenstellung eines *Methodensets zur systematischen Entwicklung von Havariekonzepten* und die Evaluation an einem Beispiel,

- die Entwicklung und Evaluierung eines *Expertensystems*, welches auf die speziellen Anforderungen des Broadcast-Bereiches zugeschnitten ist und z.b. Havariedokumente, Handbücher u.ä. verwaltet,

- die Entwicklung und Evaluierung *sicherer, zuverlässiger Automatisierungsstrategien* für die Umschaltung auf Backup-Systeme in IT-basierten Produktionsumgebungen

- sowie die Integration *weiterer Analysemethoden* und einer geeigneten Schnittstelle für den Datenaustausch mit anderen Modellierungs- und Analysetools in PlaTo.

Trotz aller Maßnahmen muss jedem Planer und Betreiber einer Fernsehproduktionsanlage bewusst sein, dass es keine 100%-ige Sicherheit geben kann. Die Produktion eines Fernsehprogrammes ist immer mit einem Risiko verbunden, da sie in der Regel live und unter hohem Zeitdruck geschieht. Die konsequente Anwendung des Systems Engineering und die Nutzung geeigneter Werkzeugen kann helfen, die Wahrscheinlichkeit einer Havarie durch geeignete Konzepte drastisch zu senken und den Schaden im Havariefall auf ein Minimum zu reduzieren. Nichts desto trotz kommt es auf die Fähigkeiten und die Wachsamkeit aller am Produktionsprozess beteiligten Personen an. Auch die beste technische Absicherung kann redaktionelle Havarien nicht verhindern:

Am 22.06.2008 zeigte die ARD in einer Hintergrundgraphik zum Halbfinalspiel Türkei gegen Deutschland der Fussball-EM die falsche deutsche Fahne. „Die Fahnen werden von Hand gebastelt. Es gab mehrere Entwürfe. Es wurde der falsche Entwurf im Computer angeklickt."[1] Keine zwei Wochen später kam es zu einem erneuten Patzer, als am 03.07.2008 in den ARD-Tagesthemen die US-Flagge fälschlicherweise um einen 14. Streifen ergänzt wurde.[2]

---

1 Quelle: [Be08].
2 Vgl. [Hub08].

Anhang

A.1 Havariemanagement

A.1.1 Risikotypen

Eingetretenes Risiko	Hervorgerufenes Risiko	Eintrittswahr-scheinlichkeit
Technische vs. kaufmännische Risiken:		
Veraltete Technik im Einsatz	Investition in neue Technik	Mittel
Schnittstelle von Partner nicht unterstützt	Investition in Eigenleistung erforderlich	Hoch
Terminliche vs. kaufmännische Risiken:		
Überschreitung des Endtermins bei einem externen Projekt	Empfindliche Vertragsstrafen	Sehr Hoch
Wettbewerber kommt mit mehr Funktionalität früher auf den Markt	Vollständige Überarbeitung des geplanten Releases, Zeitverzögerung, Umsatzausfall	Extrem hoch
Ressourcenrisiken vs. kaufmännische Risiken:		
Krankheit von Projektmitarbeitern	Investition in freie Mitarbeiter	Sehr hoch
Politische vs. technische Risiken:		
Ablehnung des Einsatzes eines Produktes aus persönlichen Gründen	Technische Probleme	Mittel

Tabelle A.1: Zusammenhang der verschiedenen Risikotypen (Quelle: [Wa02])

A.1.2 Formblatt zur Notfallplanung

Checkliste für die Beseitigung eines Störfalles   Nr: ____

Schadensbild:

Wer beseitigt die Störung ▶ Name: _____   Telefon: _____

Wer ist zu informieren ▶ Name: _____   Telefon: _____

Durchzuführende Maßnahmen:

Zustandsbericht an ▶ Name: _____   Telefon: _____

Normalzustand erreicht?

Weitere Arbeiten anhand Checkliste Nr. ____

Abbildung A.1: Einfaches Formblatt zur Notfallplanung (Quelle: [Wa02])

A.2 Havarien in der Rundfunkproduktion

A.2.1 Dokumentierte Havarien zwischen 1986 und 2004

In der Regel führen Sendeanstalten und Privatsender interne Statistiken über Sendeausfälle und Pannen, die allerdings unter Verschluss gehalten werden. Daher lassen sich nur größere Pannen recherchieren, die in den Medien ein gewisses Aufsehen erregt haben:[3]

- *31. Dezember 1986* (ARD): Versehentliche Wiederholung der Neujahrsansprache von Bundeskanzler KOHL aus dem Vorjahr. Die korrekte Ansprache wurde am folgenden Tag gesendet. (siehe 4.3.5.2)

- *26. Juni 1999* (ORF): 8-minütiger Sendeausfall während „Zeit im Bild" gegen 19:30 Uhr.[4]

- *24. Oktober 1999* (Premiere World): Totalausfall bei Premiere World für ca. 2 Stunden bis 14:30 Uhr. Ursache war ein Stromausfall in der Sendezentrale.[5]

- *26. November 2001* (ZDF): „Vermutlich wegen eines Kabel-Schmorbrandes kam es am Montagvormittag [..] zu Störungen auf dem ZDF-Gelände in Mainz-Lerchenberg. [..] Die aktuelle Berichterstattung wurde in der Mittagszeit kurzfristig von der ARD übernommen."[6]

- *18. Mai 2002* (ProSieben, Sat.1): Gegen 22:00 Uhr kam es „zu einem Sendeausfall der Kirch-Sender ProSieben, Sat.1, kabel eins, N24, 9 live und DSF über Astra digital. Auch die Fenster-Sender ProSieben Austria, ProSieben Schweiz, Sat.1 Österreich, Sat.1 Schweiz und Kabel 1 Schweiz waren davon betroffen"[7].

- *04. August 2002* (ProSieben, Sat.1 ,RTL): Sendeausfall bei allen Kirch-Sendern via Astra digital für etwa 45 Minuten aufgrund eines schweren Unwetters. In München waren davon zeitweise auch RTL, RTL II und Tele 5 betroffen.[8]

---

3 Es handelt sich dabei primär um Beispiele für Havarien aus der Fernsehproduktion aus dem deutschsprachigen Raum ab 1986. Die tatsächliche Anzahl der Sendeausfälle liegt vermutlich wesentlich höher und betrifft jeden Sender. Im Rahmen der Vorbereitungen zur Publikation dieser Arbeit wurden drei weitere Havariefälle aus dem Jahre 2008 ergänzt.
4 Vgl. [Au99].
5 Vgl. [DTV99].
6 Quelle: [TVM01].
7 Quelle: [TVM02a].
8 Vgl. [TVM02b].

- *19. Juni 2003* (XXP): Nach einem Bildausfall schlug die Umschaltung auf die Notleitung bei der Deutschen Telekom fehl, so dass für etwa 90 Sekunden die Bilder eines nicht jugendfreien Filmes zu sehen waren, bevor ein Testbild erschien und der normale Betrieb fortgesetzt werden konnte. (siehe 4.3.5.3)

- *09. Oktober 2003* (RBB): Ein 15-minütiger Stromausfall legt kurzzeitig den Rundfunk Berlin Brandenburg lahm. „Wir hatten ungefähr zehn Sekunden Sendeausfall und einen örtlich begrenzten Bildausfall."[9]

- *16. Januar 2004* (BBC): Das Stück „4:33" von JOHN CAGES erfordert eine Deaktivierung der automatischen Havarieumschaltung. (siehe 4.3.1)

- *13. Juli 2004* (ATVplus): Durch einen Fehler beim Dienstleister ORF kam es kurz nach dem Anpfiff des Österreichischen Bundesliga-Auftaktspiels zu einem 16-minütigen Sendeausfall für alle terrestrischen Haushalte und die meisten Kabelnetze.[10]

- *20. Juli 2004* (RBB): Infolge eines schweren Unwetters kam es beim RBB zu einem etwa 20-minütigen Sendeausfall.[11]

- *06. August 2004* (ARD, Premiere): Ein Stromausfall bei der Fußball-Bundesliga-Auftaktspiel legt sowohl das Spiel als auch die Übertragung lahm. (siehe 4.3)

- *09. September 2004* (SWR):Die notwendige Entfernung eines toten Siebenschläfers sorgt dafür, dass der Hauptschalter umgelegt und der gesamte Sendebetrieb für etwa 5 Minuten unterbrochen werden muss (siehe 1).

- *03. November 2004* (ProSieben): Kurzzeitiger Sendeausfall auf ProSieben.[12]

- *05. Dezember 2004* (NDR): Zeitweise Tonstörung gegen 2:30 Uhr.[13]

- *22. Juni 2008* (ARD): In einer Hintergrundgraphik zum Spiel Türkei gegen Deutschland bei der Fußball-EM 2008 wird eine falsche deutsche Fahne gezeigt.[14]

---

9 Quelle: [We03].
10 Vgl. [ÖFB04] und [TVM04].
11 Vgl. [N04].
12 Vgl. [Ki04].
13 Eigene Beobachtung, ca. 2:30 bis 3:00 Uhr.
14 Vgl. [Be08].

- *25. Juni 2008* (ZDF): „Es stand 1:1 zwischen Deutschland und der Türkei, als bei der Fernsehübertragung plötzlich der Bildschirm schwarz wurde. Wenig später kam es zu einer zweiten Bildstörung. [..] In der zweiten Halbzeit der Partie brach kurz nach 22 Uhr die Übertragung aus dem Baseler St. Jakob-Park für zunächst sechs Minuten und zehn Sekunden zusammen. In dieser Zeit war von der Begegnung im ZDF nur der Kommentar des Sportreporters Béla Réthy zu hören, der das Spiel per Telefonleitung kommentierte. [..] Grund für die europaweite Störung war laut ZDF ein Stromausfall im internationalen Fernsehzentrum der Fußball-Europameisterschaft in Wien (IBC)."[15]

- *03. Juli 2008* (ARD): In den Tagesthemen wird ebenfalls in einer Hintergrundgraphik die US-Flagge fälschlicher Weite um einen 14. Streifen ergänzt.[16]

---

15 Quelle: [Net08]
16 Vgl. [Hub08].

A.2.2 Beispiele zum Stufenmodell (MDR)

Standard	1. Stufe	2. Stufe
Bildmischer: Mehrebenenbetrieb, Effekt + DME-Einsatz, Keyfunktionen	*Harte Bank:* Alle Quellen verfügbar, keine Effekte, keine Keyfunktionen	*Lokale Kreuzschiene:* Harte Schnitte, Trennung Bild/Tonkopplung, stark eingeschränkter Notbetrieb
Tonmischer: Cantus-Pult – Mehrebenenbetrieb, Effekt- und Bearbeitungsgeräte	*Ersatzmischer:* Yamaha O3D mit eingeschränkten Quellen und eingeschränkten Effekten	*Lokale Kreuzschiene:* Siehe oben
Sendegraphik: Standardbetrieb über Netzwerkverbund zwischen Regie und Graphikräumen	*Sendegraphik:* Signalführung über SDI bzw. Kassettentransport – zeitkritisch	*Bildmischer:* Nutzung der Flash/RAM-Kapazitäten des Bildmischers, eingeschränkte Auswahl – zeitkritisch
Speichermedien Video/Audio: Video und Audio: Server und MAZen stehen für Aufzeichnung und Ausspielung bereit.	*Intern:* Video und Audio: wechselseitiger Ersatz bei Ausfall einer Komponente; Serverersatz durch Kassette problematisch. Audio: wechselseitiger Einsatz	*Weitere Produktionsräume:* Live-Einspiel aus anderen Produktionsräumen – Havariescenario, das heute standardmäßig genutzt wird
FS-Netzwerk: Standardnutzung für Audio/Video/Graphik	*Infrastruktur:* Nutzung der AES-SDI-Leitungsverbindungen	*Bandtransport:* Kassettentransport („Turnschuhnetzwerk")
Kamerabedienung: OCP- und MCP-Steuerung	*Intern:* Nur eine Steuerungsart (OCP oder MCP)	*Gerätetausch:* Einsatz von Reservebedienteilen
Kommandoanlage: Erfasst alle Produktionsräume und externe Teilnehmer, frei n-1-Bildung	*Havarieanlage:* Eingeschränkte Teilnehmerzahl; Funktionalität bleibt erhalten	*Telefon:* Kommunikation möglich – starke Funktionseinschränkung
Uplink: Hauptkanalzug sendet	*Uplink-Container:* Reservemodulator wird aktiviert	*Leitungsnetz:* Signalzuführung über Telekom zu anderem Uplink

Tabelle A.2: 3-Stufen-Modell am Beispiel des MDR (Quelle: [Alt01])

A.2.3 Beispiele zum Stufenmodell (DPA)

Beispielhafte Anwendung des 3-Stufen-Modells auf den Ausfall einer Unity im DPA – Zusammenhang zwischen Komplexitätsebenen und Art der Havariemaßnahme:

	Standard	1. Stufe	2. Stufe
Alt. Workflow	*Produktion im DPA:* Grobschnitt am Redaktionsclient (LowRes), Feinschnitt auf der Unity-1 (HiRes), Materialtransport über DPA-Netzwerk	*Ausfall der Unity:* Produktions lokal auf dem NewsCutter, Materialtransport via SDI, Steuerung via RS-422	*Ausfall NewsCutter und Unity:* „Feinschnitt" am Redaktionsclient mit der EDL wird Beitrag von Aufzeichnungsserver zusammengestellt und auf Sendeserver übertragen
Backup-Syst.	*Unity-1:* Produktion mit der Unity-1, Standard-FileManager und -MediaManager	*Defekt File- oder MediaManager:* Produktion mit der Unity-1, Backup-FileManager und/oder -MediaManager	*Ausfall Unity-1:* Produktion mit der Unity-2, Standard-FileManager und -MediaManager
Redundanze	*Mediadaten:* Normaler Zugriff auf die auf der Unity gespeicherte Mediadaten	*Ausfall einzelner Festplatten:* Ausnutzung der gespiegelten Daten, ggf. Deaktivierung defekter Festplatten	*(Siehe nächst höhere Ebene)*

Tabelle A.3: 3-Stufen-Modell am Beispiel des DPA (1)

Beispielhafte Anwendung des 3-Stufen-Modells – Backup-Systeme für NewsCutter und Redaktionsclient, beteiligt an den Alternativen Workflows bei Ausfall einer Unity. NewsCutter und Redaktionsclient sind nicht weiter durch Geräte interne Redundanzen abgesichert:

	Standard	1. Stufe	2. Stufe
Backup-Syst.	*NewsCutter:* Produktion am NewsCutter	*Ausfall NewsCutter:* Insgesamt 12 weitere NewsCutter, die im Havariefall je nach Auslastung zur Verfügung stehen	*Ausfall & fehlende Kapazit.:* Schnittsysteme aus anderen Abteilungen, Studios etc.
Backup-Syst.	*Redaktionsclient:* Redaktionelle Tätigkeiten, Browsing und Grobschnitt	*Ausfall Redaktionsclient:* Im Havariefall stehen zahlreiche weitere Clients zur Verfügung	*Ausfall & fehlende Kapaz.:* Client aus ZDF-Netzwerk oder Clients anderer Studios, Abteilungen

Tabelle A.4: 3-Stufen-Modell am Beispiel des DPA (2)

A.3 Fehlerbaumanalyse – Zerlegung in Module

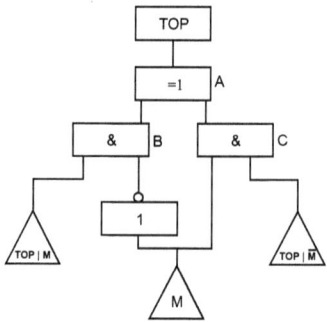

Abbildung A.2: Separieren einer Vermaschung im Baum (Quelle: [DIN 25424])

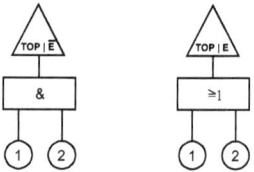

Abbildung A.3: Anwendung der Separation auf den Baum (Quelle: [DIN 25424])

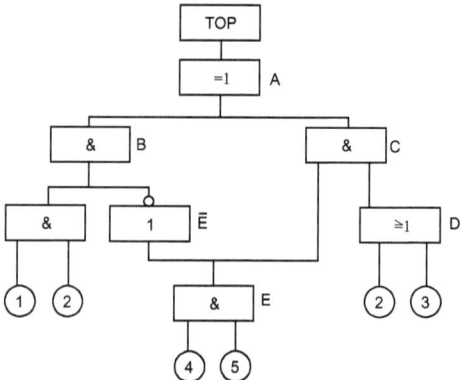

Abbildung A.4: Verknüpfung der enthaltenen Teilbäume (Quelle: [DIN 25424])

A.4 Implementierung
A.4.1 Athen- und Serverkonzept

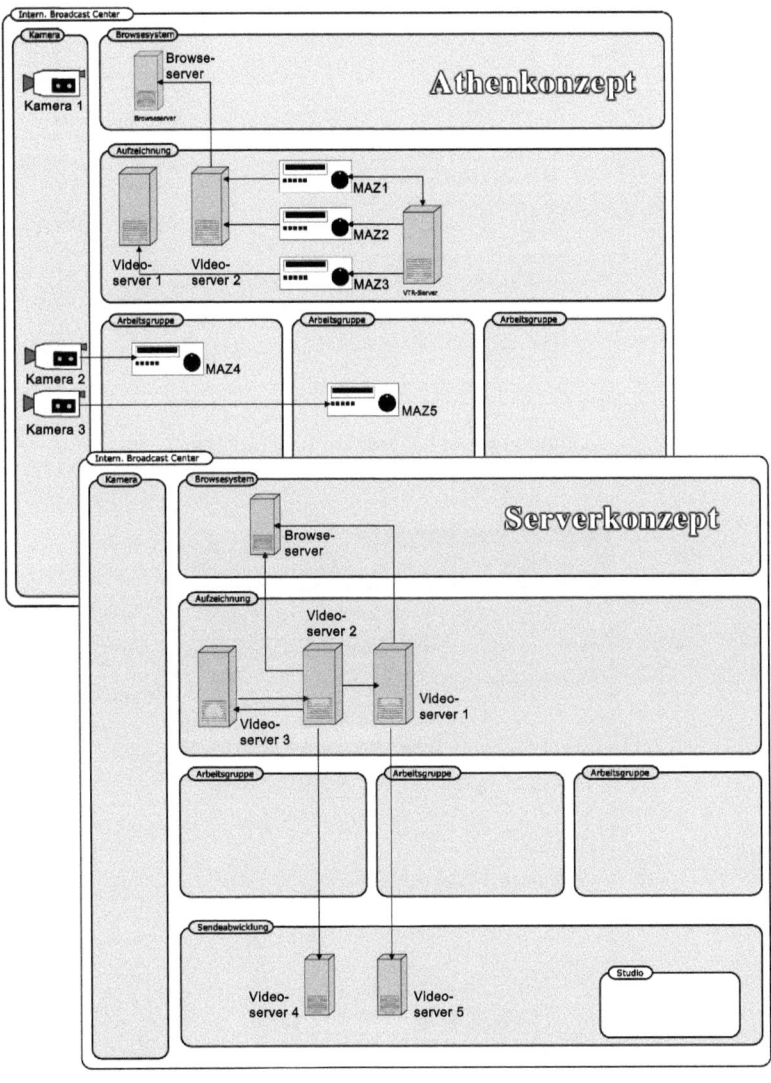

Abbildung A.5: Athen- und Serverkonzept nach [Kue04]

A.4.2 PlaTo: Screenshots

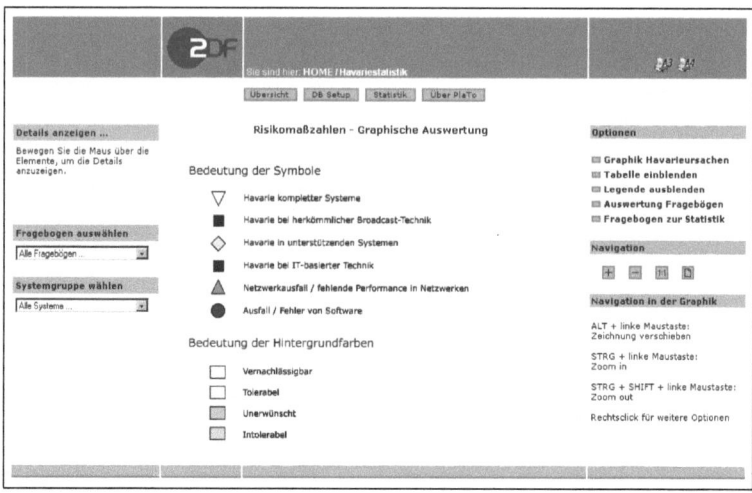

Abbildung A.6: Legende zur Risikoanalyse

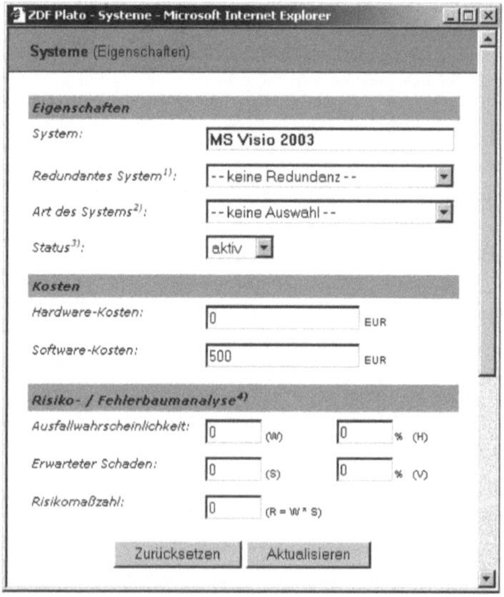

Abbildung A.7: Eigenschaften-PopUp für Systeme

A.5 Systemtechnische Analyse von Havariekonzepten

A.5.1 Experteninterviews

Studio Hamburg Media Consult International (MCI) GmbH

Die MCI ist ein Unternehmen der Studio Hamburg Gruppe mit Standorten in Hamburg, Berlin, Köln und München[17] und als „Systemhaus für Consulting, Planung und Realisierung von Projekten im Broadcast- und Medienbereich"[18] international tätig.

- Gespräch mit DIPL.-ING. JÖRG PANKOW, Technischer Leiter (Dienstag, 10.08.2004, 10:00 Uhr, Hamburg)

- Gespräch mit DIPL.-ING. WILKEN BOIE, Projektingenieur (Dienstag, 10.08.2004, 11:30 Uhr, Hamburg)

Zweites Deutsches Fernsehen (ZDF)

Das ZDF betreibt als öffentlich-rechtliche Sendeanstalt Studios in Mainz, Berlin und an vielen weiteren Orten im In- und Ausland.

- Gespräch mit DIPL.-ING. PETER HARDT, Technische Planung und Ausführung (Montag, 25.10.2004, 13:30 Uhr, Mainz)

- Telefonat mit DIPL.-ING. PETER HARDT, Technische Planung und Ausführung (Mittwoch, 08.12.2004, 13:15 Uhr)

- Beantwortung des Online-Fragebogens durch 4 DPA-Systemadministratoren (November/Dezember 2004)

---

17 Vgl. [PB04], Seite 2.
18 Quelle: [MCI04], Startseite.

Interviewleitfaden

Planungs- und Analysetool PlaTo:
- Demonstration des akt. Entwicklungsstandes von PlaTo und Diplomarbeit.
- Wie wird PlaTo bewertet (Mögliche Einsatzgebiete, Brauchbarkeit etc.)?
- Wie sinnvoll ist die Betrachtungen von Auftrittswahrscheinlichkeiten und zu erwartendem Schaden und Gewinnung der Daten über einen Fragebogen?

Allgemeine Fragen MCI:
- Wie wichtig wird das Thema Havarien eingestuft (bei den Kunden / der MCI)?
- Wie konkret sind die Kundenanforderungen, Havariefälle zu berücksichtigen?

Allgemeine Fragen ZDF:
- Wie wichtig wird das Thema Havarien eingestuft?
- Was für Havarien sind in der letzten Zeit aufgetreten?
- Was sind die obersten Prioritäten im Havariefall?
- Welche Anforderungen werden an ein Produktionssystem gestellt?
- Vorstellung des Konzeptes der Betrachtung von Havarien in Dimensionen (siehe 4.3.2) und Überprüfung am Beispiel des DPA.

Erfahrungen mit Havarien:
- Existieren Ausfallstatistiken oder andere Statistiken über Havarien?
- Wie groß ist der Kostenanteil für Havarievorsorge bei Projekten?

Entwicklung von Havariekonzepten:
- Welche technischen Vorkehrungen werden gefahren: in wieweit werden Havarien auf Herstellerseite berücksichtigt, was macht das Systemhaus, was der Anwender?
- Kommt ein 3-Stufen-Modell zum Einsatz (vgl. MDR/FKT)?
- Gibt es ein methodisches Vorgehen bei der Planung / wie ist die übliche Herangehensweise bei der Entwicklung von Havariestrategien; Welchen Platz nehmen Havarien in der Planung ein, wann und wo werden sie behandelt?
- An welche Stellen werden automatische Havarieumschaltungen eingesetzt?

Begleitende Maßnahmen:
- Wie sieht die Vorsorge aus: Mitarbeiterschulungen, Havarieübungen, Zuständigkeiten im Havariefall?
- Existieren Notfallhandbücher; Wenn ja, bei wem liegt die Erstellung?
- Wie wichtig ist die Kooperation zwischen Systemhäusern bzw. Systemintegratoren, Anwendern und Support-Hotlines?

Veränderungen durch technische Konvergenz:
- Zu welchen Änderungen kommt es bei Havariebetrachtungen durch die technische Konvergenz (Technisch, organisatorisch, Kosten)?
- Welche Probleme bringt der Einsatz von Software mit sich, welche Rolle spielen Updates im laufenden Arbeitsprozess?
- Welche Bedeutung haben Monitoringsysteme?
- Welche Rolle spielen Viren und Sabotage?

A.5 Systemtechnische Analyse von Havariekonzepten

Sonstiges:

- In welcher Form erfolgt im Nachhinein eine Dokumentation der Havarie, welche konkreten Auswirkungen und Konsequenzen können Havarien haben?
- Vertragliche Regelungen: welche Verantwortung hat das Systemhaus im Havariefall, welche Verantwortungen werden an den Hersteller weitergegeben, welche liegen beim Anwender?
- Spielen bei der Auswahl der Systemhäuser / Hersteller / Softwareentwickler Zertifikate eine Rolle?

A.5.2 Online-Fragebogen

Der Online-Fragebogen wurde für die Systemadministratoren des DPA im Internet bereit gestellt und enthielt folgende Fragen:[19]

1. Allgemeines:

– In welcher Abteilung arbeiten Sie?
– Welche Funktion üben Sie aus?
– Wie wichtig ist in Ihrem Unternehmen das Thema Havarien?
– Wird in Ihrem Hause eine Statistik über aufgetretene Havarien geführt?

2. Persönlicher Bewertungsmaßstab:

Auftrittswahrscheinlichkeit – Bitte wählen Sie aus, wie oft pro Zeiteinheit ein Gerät bzw. eine Gerätegruppe ausfallen muss, damit sie damit die entsprechende Wahrscheinlichkeit verbinden:

0: unvorstellbar	3: gelegentlich
1: unwahrscheinlich	4: wahrscheinlich
2: selten	5: häufig

Zu erwartender Schaden – Als zu erwartender Schaden soll an dieser Stelle der Ausfall an geplanten Inhalten gewertet werden. Bitte bewerten Sie, wie viel Prozent der geplanten Inhalte mindestens ausfallen müssen, damit Sie den zu erwartenden Schaden wie folgt bewerten würden:

1: unbedeutend	3: kritisch
2: marginal	4: katastrophal

3. Auftrittswahrscheinlichkeit und erwarteter Schaden:

Bitte bewerten Sie die Auftrittswahrscheinlichkeit und den zu erwartenden Schaden (als Ausfall geplanter Sendeinhalte). Grundlage der Bewertung soll dabei eine durchschnittliche Produktion mit dem DPA-System sein.

- *Herkömmliche BC-Technik*:
  Bildmischer, DVCPro-MAZ am NewsCutter, DVCPro-MAZ in der Aufzeichnung, Kamera, Kreuzschiene, Schriftgenerator, Steckfelder, Tonmischer.

---

19 Aufgrund des Umfanges erfolgt an dieser Stelle nur eine Zusammenfassung des Fragebogens.

- *IT-basierte Technik*:
  Aufzeichnungsserver, Browseserver, MPEG-1 Encoder, Client im ZDF-Netzwerk, Datenbankserver, Newsserver, NewsCutter (Adrenaline/Meridien), Produktionsserver (Unity), Redaktionsclient, Sendeserver, TransferManager.
- *Komplettausfälle*:
  Kompletter Netzwerkausfall, Sendeabwicklung, Senderegie, Uplink / Signalübergabe.
- *Netzwerkausfälle bzw. fehlende Performance*:
  Produktionsnetzwerk (FibreChannel), Produktionsnetzwerk (Gbit-Ethernet), Redaktionsnetzwerk (Ethernet), ZDF-Netzwerk, Internet.
- *Softwareausfälle bzw. -defekte*:
  NewsCutter, Betriebssystem auf Redaktionsclient, Browser/eMail-Programm auf Redaktionsclient, Word/Excel u.ä. auf Redaktionsclient.
- *Unterstützende Systeme*:
  Haustechnik (Strom, Klima), Kommandoanlage, Studiobeleuchtung.

4. Bedeutung von Havarieursachen:

Bewerten Sie im Folgenden die Bedeutung der verschiedenen Ursachen für das Auftreten von Havarien:

- Fehlende Performance im Netzwerk
- Fehlerhafte Bedienung
- Hardwarefehler IT-basierte Technik
- Hardwarefehler Netzwerk
- Hardwarefehler BC-Technik

- Sabotage von außen
- Sabotage von innen
- Softwarefehler
- Sonstige Ursachen

Der Bewertung liegt folgende Skala zugrunde:

0: keine Bedeutung
1: sehr geringe Bedeutung
2: geringe Bedeutung

3: mittlere Bedeutung
4: große Bedeutung
5: sehr große Bedeutung

A.5 Systemtechnische Analyse von Havariekonzepten

A.5.2.1 Auswertung Risikomatrix

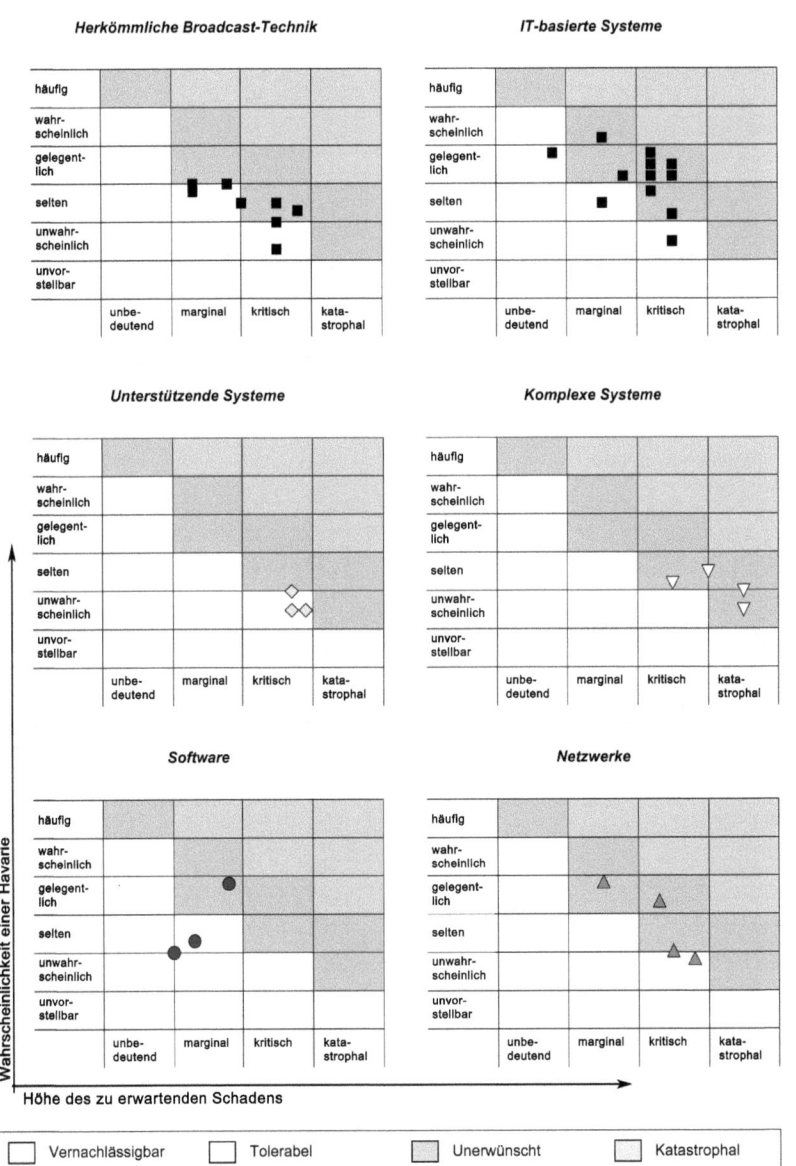

Abbildung A.8: Auswertung nach Systemgruppen

A.5.2.2 Auswertung Risikomaßzahlen

Gerät	W (□)	W (Ø)	H (Ø)	S (□)	S (Ø)	U (Ø)	R
Aufzeichnungsserver	9	3.00	16.44%	9	3.00	20.00%	9.00
Avid NewsCutter	13	3.25	9.73%	9	2.25	10.00%	7.31
Betriebssystem auf Redaktionsclient	6	1.50	0.98%	6	1.50	2.50%	2.25
Bildmischer	7	1.75	1.61%	13	3.25	32.50%	5.69
Browser / eMail-Client auf Redaktionsclient	7	1.75	1.73%	7	1.75	5.00%	3.06
Browse-Server (Telemedia)	8	2.67	5.48%	8	2.67	13.33%	7.11
Client im ZDF-Netzwerk	11	3.67	41.37%	6	2.00	6.67%	7.33
Datenbankserver	5	1.67	1.28%	9	3.00	20.00%	5.00
DVC-Pro MAZ am NewsCutter	10	2.50	5.24%	7	1.75	5.00%	4.38
DVC-Pro MAZ in der Aufzeichnung	9	2.25	2.50%	7	1.75	5.00%	3.94
Haustechnik (Strom, Klima)	6	1.00	0.71%	19	3.17	46.67%	3.17
Internet	13	3.25	28.42%	8	2.00	7.50%	6.50
Kamera	8	2.00	2.36%	10	2.50	20.00%	5.00
Kommandoanlage	9	1.50	1.59%	19	3.17	45.00%	4.75
Kompletter Netzwerkausfall	5	1.67	2.10%	9	3.00	20.00%	5.00
Kreuzschienen	6	1.50	1.54%	12	3.00	30.00%	4.50
MPEG1-Encoder Telemedia	6	2.00	3.11%	6	2.00	6.67%	4.00
NewsCutter (Adrenaline)	10	3.33	12.79%	8	2.67	13.33%	8.89
NewsCutter (Meridien)	8	2.67	6.94%	7	2.33	10.00%	6.22
News-Server	3	1.00	0.37%	9	3.00	23.33%	3.00
Produktionsnetzwerk (FibreChannel)	11	2.75	7.98%	11	2.75	20.00%	7.56
Produktionsnetzwerk (Gbit-Ethernet)	5	1.25	1.58%	13	3.25	42.50%	4.06
Produktionsserver (Unity)	8	2.67	5.48%	9	3.00	20.00%	8.00
Redaktionsclient	10	3.33	39.18%	4	1.33	3.33%	4.44
Redaktionsnetzwerk (Ethernet)	6	1.50	2.33%	12	3.00	27.50%	4.50
Schriftgenerator	10	2.50	5.24%	9	2.25	12.50%	5.63
Sendeabwicklung (SAW)	3	1.50	1.51%	8	4.00	35.00%	6.00
Senderegie	2	1.00	0.41%	8	4.00	35.00%	4.00
Sendeserver	7	2.33	3.29%	8	2.67	16.67%	6.22
Steckfelder	3	0.75	0.96%	12	3.00	30.00%	2.25
Studiobeleuchtung	5	1.00	0.21%	17	3.40	50.00%	3.40
Tonmischer	8	2.00	2.36%	12	3.00	27.50%	6.00
Transfer-Manager	9	3.00	9.13%	8	2.67	16.67%	8.00
Uplink / Signalübergabe	4	2.00	1.78%	7	3.50	30.00%	7.00
Word / Excel u.ä. auf Redaktionsclient	7	1.75	1.73%	7	1.75	5.00%	3.06
ZDF-Netzwerk	6	1.50	0.86%	9	3.00	20.00%	4.50

Legende: W - Auftrittswahrscheinlichkeiten   S - Zu erwartender Schaden
                     H - Häufigkeiten   U - Nichtverfügbarkeit
                     R - Risikomaßzahl (R=W*S)

Tabelle A.5: Auswertung nach Systemen

A.5.2.3 Auswertung Bewertungsmaßstäbe

Befragter (ID)	Tage mit Ausfällen pro Jahr in Prozent					
	unvorst. (0)	unwahr. (1)	selten (2)	gelegent. (3)	wahrsch. (4)	häufig (5)
1100369908	0.03%	0.08%	0.14%	0.55%	16.44%	32.88%
1101391410	0.27%	0.55%	2.74%	3.29%	14.25%	28.49%
1101450418	0.03%	0.27%	3.29%	14.25%	100.00%	200.00%
1101543319	0.11%	0.27%	3.29%	9.86%	42.74%	100.00%
Ø	0.11%	0.29%	2.37%	6.99%	42.86%	90.34%

Tabelle A.6: Bewertungsmaßstab Auftrittswahrscheinlichkeit

Befragter (ID)	Ausfall geplanter Sendeinhalte in Prozent			
	unbedeutend (1)	marginal (2)	kritisch (3)	katastrophal (4)
1100369908	0.00%	10.00%	50.00%	100.00%
1101391410	0.00%	0.00%	10.00%	20.00%
1101450418	0.00%	10.00%	30.00%	50.00%
1101543319	0.00%	10.00%	20.00%	30.00%
Ø	0.00%	7.50%	27.50%	50.00%

Tabelle A.7: Bewertungsmaßstab Ausfall geplanter Sendeinhalte

A.5.2.4 Auswertung Havarieursachen

Havarieursache	Durchschnittliche Bedeutung
Fehlende Performance im Netzwerk	2.33
Fehlerhafte Bedienung	4.00
Hardwarefehler IT-basierte Technik	3.00
Hardwarefehler Netzwerk	2.50
Hardwarefehler herkömmliche BC-Technik	2.50
Sabotage von außen	2.25
Sabotage von innen	3.00
Softwarefehler	3.50
Sonstige Ursachen	3.25

Tabelle A.8: Bewertung der Ursachen für das Entstehen von Havarien

A.5.3 DPA-System

A.5.3.1 Aufbau

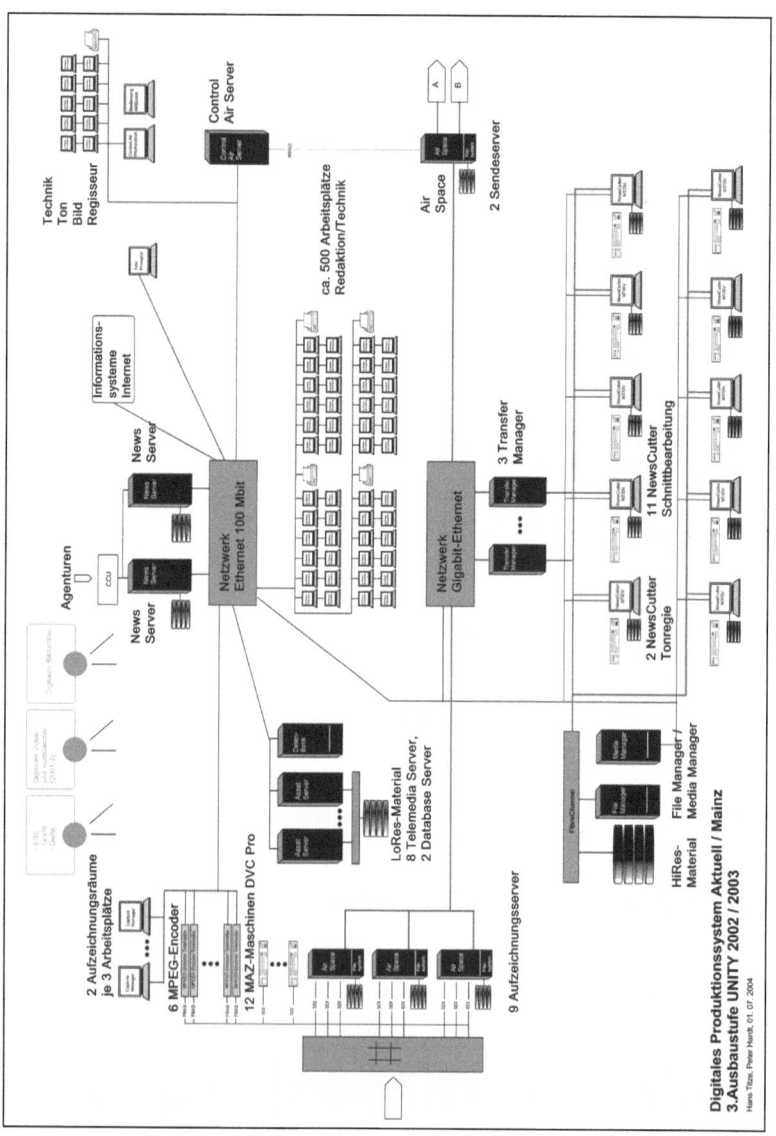

Abbildung A.9: Überblick DPA (TITZE/HARDT, 2004)

A.5.3.2 Havarieablauf

Die ZDF-interne Dokumentation gibt den Ablauf bei Havarie wie folgt vor[20], wobei die Punkte 7 bis 10 je nach Havarie variieren können:[21]

1. Systembetreiber (Administratoren) treffen Entscheidung zum Havariefall.
2. Systembetreiber informiert KPN[22], Superuser und ggf. Firma AVID.
3. Systembetreiber veranlasst Infomail an einen bestimmten Verteilerkreis.
4. KPN informiert AZR[23] zum Havariefall.
5. KPN informiert Schlussredakteur in Absprache mit Superuser.
6. Superuser informiert die Cutter.
7. Verteilung der sofort zur Verfügung stehenden NewsCutter-Kapazitäten in Absprache mit KPN und Superuser.
8. Bereitstellung nötiger MAZ-Havariebänder durch Superuser und KPN.
9. Umstellung der anderen NewsCutter entsprechend der Havarieszenarien durch Systembetreiber.
10. Organisation der Fehlersuche durch Systembetreiber, ggf. mit Unterstützung der Firma AVID.
11. Wiederherstellung des normalen Produktionsbetriebes durch den Systembetreiber nach Beseitigung des Fehlers.

---

20 Zusammenfassung nach Quelle [ZDF04], Seite 2.
21 Hier wird das Vorgehen nach dem Ausfall einer Unity beschrieben.
22 KPN: Kontrollplatz Nachrichten.
23 AZR: Aufzeichnungsraum.

A.5.3.3 Havariesimulation

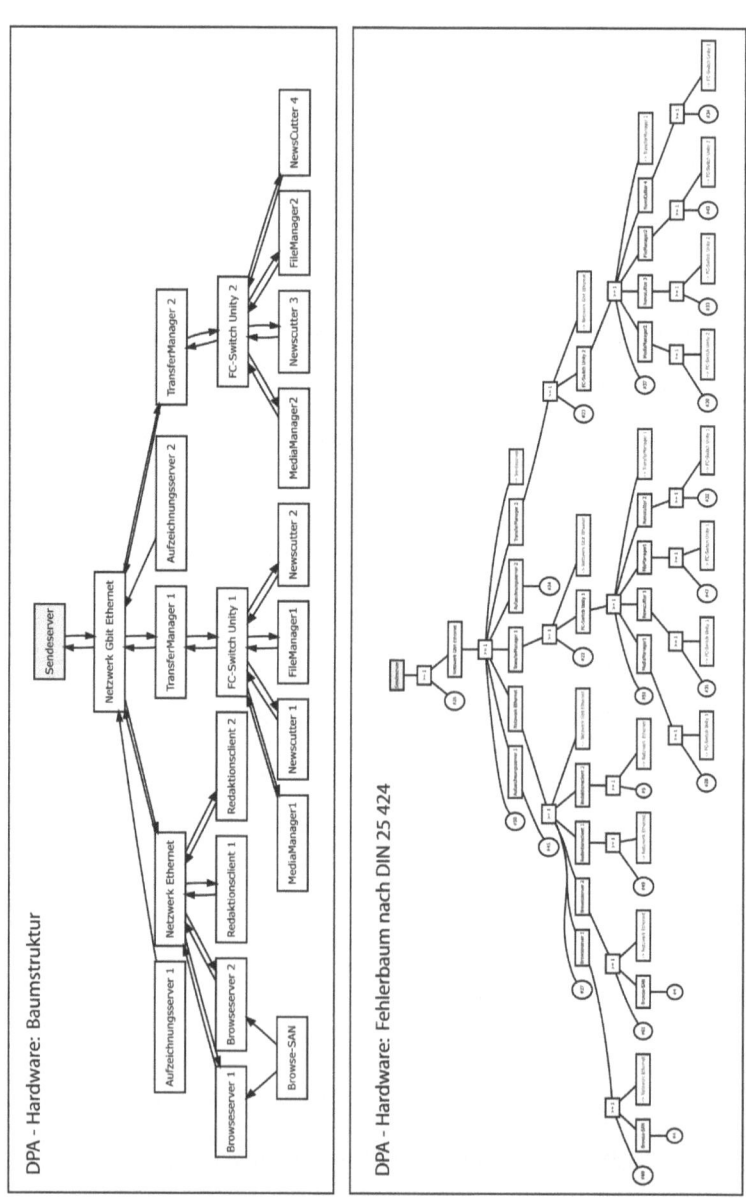

Abbildung A.10: DPA-Hardware: Baumstruktur und Fehlerbaum

A.5 Systemtechnische Analyse von Havariekonzepten

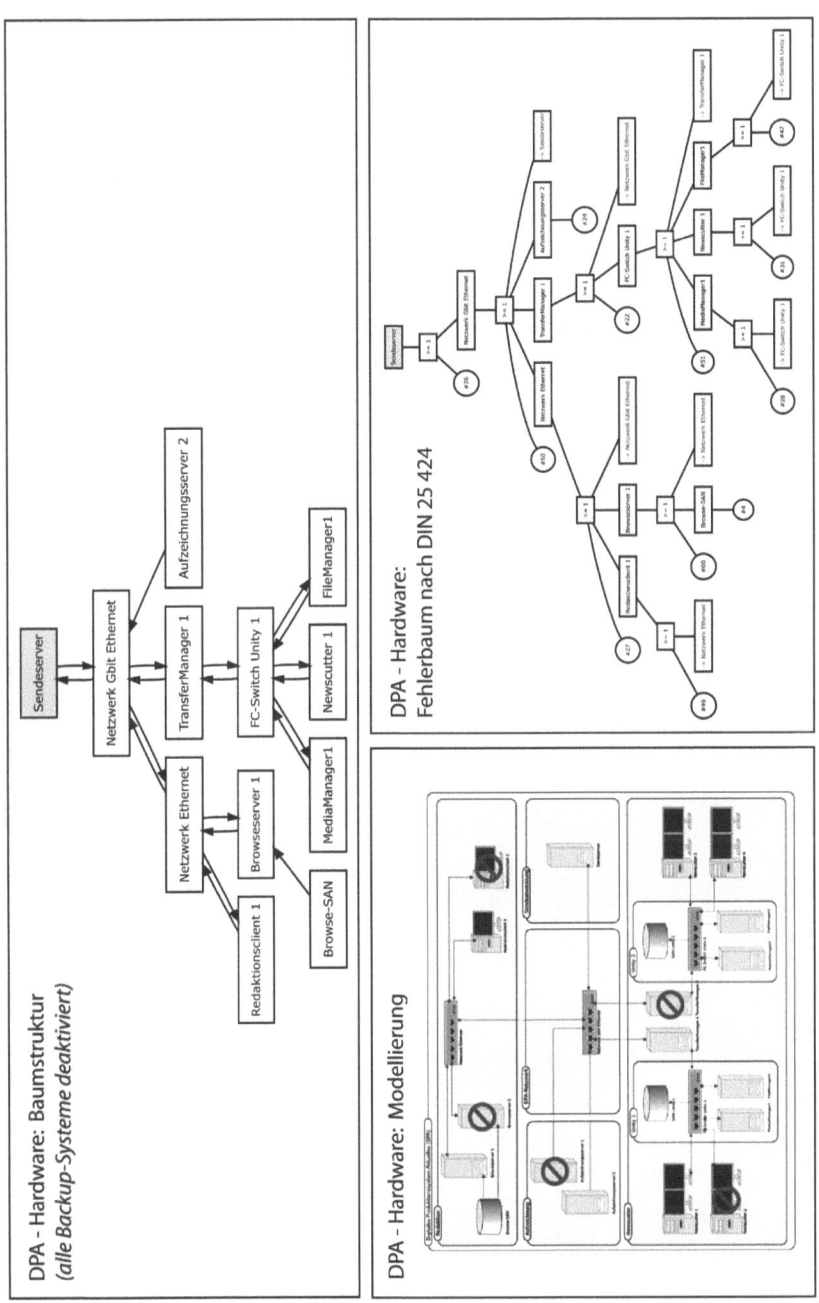

Abbildung A.11: DPA-Hardware: mit inaktiven Backup-Systemen

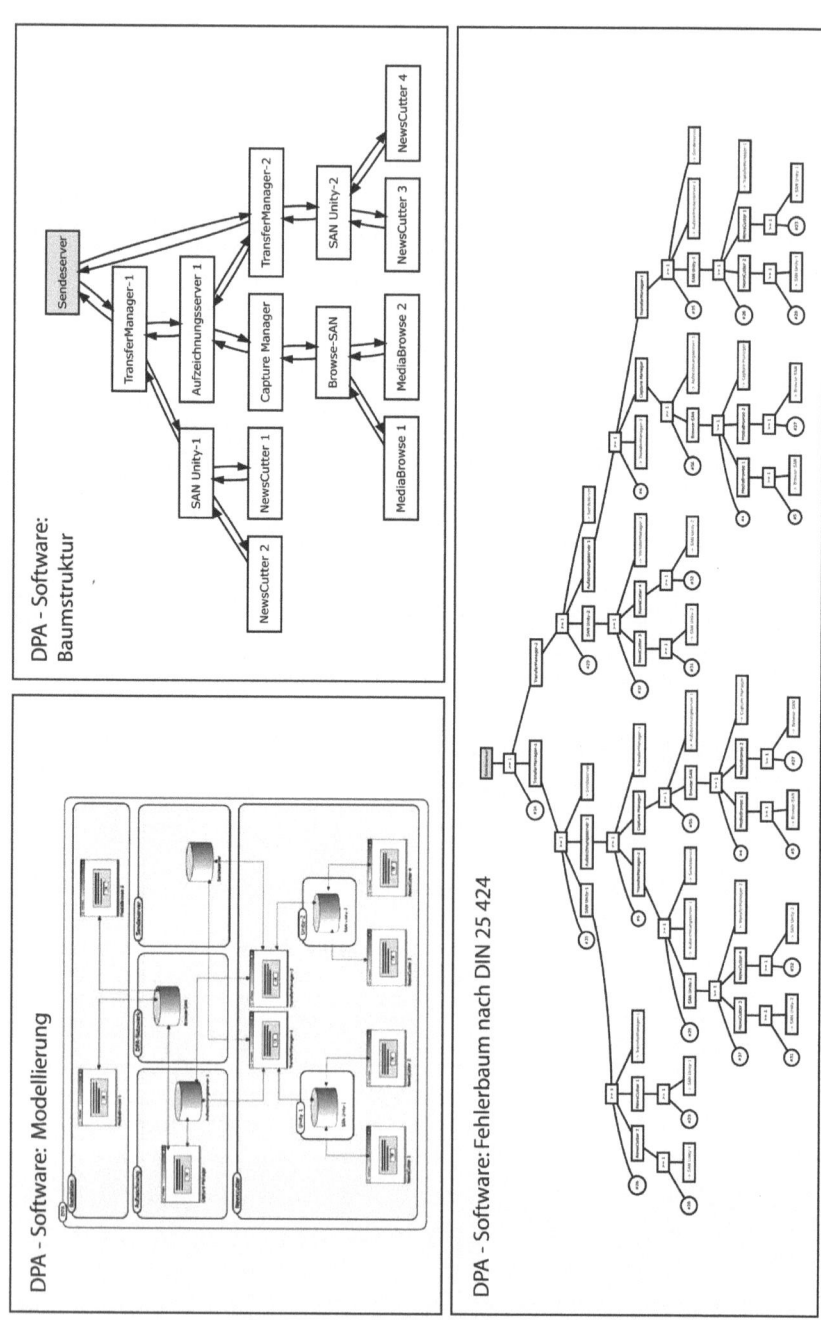

Abbildung A.12: DPA-Software: Modell, Baumstruktur und Fehlerbaum

Literaturverzeichnis

[Alt01]   ALTRICHTER, R.: *Havariesysteme in der Fernsehproduktion.* FKT 7/2001, S. 432*ff.*

[Au99]   Austria aktuell: *ORF-Sendeausfall.* Austria aktuell Nr. VIII/99. URL: http://www.austria80.at/meinung5.htm. Stand: 26.07.1999.

[BCN96]   BANKS, J. / CARSON, J.S. / NELSON, B.L.: *Discrete Event System Simulation.* Prentice Hall, New Jersey, USA, 2. Auflage, 1996.

[Be98]   BESSIS, J.: *Risk Management in Banking.* John Wiley & Sons, Chichester, 1998.

[Be08]   BENSEMANN, M.: So kam es zu der peinlichen Fahnen-Panne. Bild.de, URL: http://www.bild.de/BILD/hamburg/aktuell/2008/06/23/tom-buhrow-erklaert/-bei-bild-die-peinliche-fahnen-panne.html, Stand: 23.06.2008.

[BH04]   BERG, M. / HAMMER, M.: *IT und Netzwerktechnik in der TV-Produktion; Stand der Technik – Marktbetrachtungen.* FKT 4/2004, S.166*ff.*

[Bitt04]   BITTNER, F. *Werkzeug für die Planung von Rundfunksystemen.* Medienprojekt, Institut für Medientechnik, Fachgebiet Medienproduktion, TU Ilmenau: 2004.

[Bo94]   BOSSEL, H.: *Modellbildung und Simulation.* Friedrich Vieweg & Sohn Verlagsgesellschaft mbH, Braunschweig Wiesbaden, 2. Auflage, 1994.

[Bro02]   *Der Brockhaus in Text und Bild Edition 2002.* Brockhaus Verlag, 2002.

[Brag03]   BRAGG, R.: *Komplexes Produktions- und Playoutsystem bei „The Seven Network" in Australien.* FKT 6/2003, S. 266*ff.*

[Bra03]   BRASSLER, A.: *Projektmanagement.* Vorlesungsunterlagen, Fachgebiet Produktionswirtschaft und Industriebetriebslehre, TU Ilmenau: 2003/2004.

[Ce91]   CELLIER, F.E.: *Continuous System Modeling.* Springer, New York, 1991.

[Cro03]   CROSSNET – MEDIA AGENCY & CPU-WEB: *Eindringlingserkennung.* URL: http://www.port-scan.de/tipps/ee.html. Stand: 09.11.2004.

[Cry04]   CRYER, B.: *Glossary on IT Terms with Links.* URL: http://www.cryer.co.uk/glossary/. Stand: 11.10.2004.

[Dei03]	DEITERS, H.: *VPSM – Vernetzte Produktions- und Speicherumgebung für das ARD-Morgenmagazin.* FKT 11/2003, S. 519*ff.*
[Dei04]	DEITERS, H.: *IT- und Netzwerktechnik in der Fernsehproduktion – Anforderungen der Nutzer in den Fernsehanstalten.* FKT 3/2004, S. 81*ff.*
[DH02]	DAENZER W.F. / HUBER, F. (Hrsg.): *Systems Engineering – Methodig und Praxis.* Verlag Industrielle Organisation, Zürich, 2002.
[DHM04]	DHM - Deutsches Historisches Museum: *LeMO – Chronik 1986.* URL: http://www.dhm.de/lemo/html/1986/. Stand: 29.11.2004.
[DIN 1050]	Normenausschuß Kerntechnik im DIN Deutschen Institut für Normung e.v.: *DIN EN 1050 – Leitsätze zur Risikobeurteilung.* Beuth Verlag GmbH, Berlin, 1997.
[DIN 25424]	Normenausschuß Kerntechnik im DIN Deutschen Institut für Normung e.v.: *DIN 25 424 – Fehlerbaumanalyse.* Beuth Verlag GmbH, Berlin, 1981.
[DIN 25448]	Normenausschuß Kerntechnik im DIN Deutschen Institut für Normung e.v.: *DIN 25 448 – Ausfalleffektanalyse.* Beuth Verlag GmbH, Berlin, 1981.
[DIN 9000]	Normenausschuß Qualitätsmanagement, Statistik und Zertifizierungsgrundlagen im DIN Deutschen Institut für Normung e.v.: *DIN EN ISO 9000 – Qualitätsmanagementsysteme Grundlagen und Begriffe.* Beuth Verlag GmbH, Berlin, 2000.
[DTV99]	DigiTV Newsarchiv: *Totalausfall bei Premiere World.* URL: http://alt.digitv.de/news/arc269.html. Datum: 24.10.1999.
[Dwy04]	DYWER, C.: *BBC News: Jupiter Projekt.* FKT 5/2004, S. 236*ff.*
[Eck03]	ECKSTEIN, E.: *Das Beste aus zwei Welten.* Kellerer & Partner GmbH. Medien Bulletin 05/2003. S. 46*ff.*
[Eis02]	EISENBERG, J.D.: *SVG – Essentials.* O'Reilly & Assosiates, Inc., USA, 2002.
[EK04]	ERDMANN, M. / KRÖMKER, H.: *Analyse und Modellierung von IT-basierten Fernsehproduktionssystem – Ein Konzept zur Projektierung.* FKT 11/2004, S. 561.
[FD94]	FENELON, P. / MCDERMID, J.A. u.A.: *Towards Integrated Safety Analysis and Design.* ACM Applied Computing Review. ACM Press. URL: http://www-users.cs.york.ac.uk/ djp/publications/djp-acm.pdf. 1994.
[Ga06]	GARRELS, C.: *EMSA: Der Anfang vom Ende der band-basierten Produktion.* Schulterblick. Mitarbeitermagazin ProSiebenSat.1 Produktion, 2006.
[GF04]	GAA, G. / FETTIG, U.: *Erfahrungen mit dem SWR-Newsroomsystem.* FKT 4/2004, S. 179*ff.*
[GVM03]	GEBHARD, C. / VOIGT-MÜLLER G.: *Bessere DNA? – Interview: Mathias Eckert, Geschäftsführer bei Avid in Deutschland.* Film-TV-Video, Nonkonform GmbH. URL: http://www.film-tv-video.de. Stand: 09.10.2003.

Literaturverzeichnis 139

[Ha04]	HARDT, P.: *Fragestellungen für den Test und die weitere Entwicklung des Planungstools PLATO.* Unveröffentlichtes Arbeitspapier, 2004.
[Her70]	HERZOG, H.: *Die Rationalisierung der Arbeitsprozesse in der Fernsehproduktion.* Dissertation, Hochschule für Verkehrswesen Dresden: 1970.
[HH04]	HEDTKE, R. / HOFFMANN H.: *Grundlagen der Netzwerktechnik (1) – Ein Überblick.* FKT 3/2004, S. 85*ff.*
[HK04]	HEDTKE, R. / KLEMMER, W.: *IT und Netzwerke in der Fernsehproduktion.* FKT 3/2004, S. 79*ff.*
[HT04]	HARDT, P. / TITZE H.: *IT-basierte Fernsehproduktion im ZDF.* FKT 4/2004, S. 174*ff.*
[Hoff02]	HOFFMANN, H.: *Zukünftige Fernsehproduktion mittels Informationstechnik – Grundlagen und strategische Überlegungen.* FKT 10/2002, S. 549*ff.*
[Hof03]	HOFFMANN, ST.: *Bandlose und IT-basierende System in der TV-Produktion – Wegbereitende Techniken.* FKT 8-9/2003, S. 396*ff.*
[Hot04]	HOTTONG, K.: Mediendaten Südwest – Technisches Glossar. URL: http://www.mediendaten.de/frameindex.php3?/gesamt/technikglossar/. Stand: 2004.
[Hub08]	HUBER, J.: *„Tagesthemen" zeigen schon wieder falsche Flagge.* Tagesspiegel.de. URL: http://www.tagesspiegel.de/medien-news/US-Flagge;art15532,2565381. Stand: 13.07.2008.
[Kay04]	KAYSER, I.: *Das Projekt „hr Newsroom".* FKT 12/2004, S. 597*ff.*
[Ki04]	KINKEL, L.: *Die ARD hatte die Nase vorn – Protokoll einer langen TV-Wahlnacht.* Hamburger Abendblatt. URL: http://www.abendblatt.de/daten/ 2004/11/04/360076.html. Stand: 29.11.2004.
[KE06]	KLOTH, C. / ERDMANN, M.:*Havariesichere Systemplanung IT-basierter Fernsehproduktionssysteme.* FKT 4/2006, S. 185*ff.*
[KK04]	KRÖMKER, H. / KLIMSA, P. (Hrsg.): *Handbuch Medienproduktion.* Wiesbaden: VS Verlag 2005.
[Klo10]	KLOTH, C.: *Broadcast Engineering – Systemgestaltung. Prozessorientierte Konzeption integrierter Fernsehproduktionssysteme-* Wiesbaden: Vieweg+Teuber Verlag 2010.
[KR02]	KETTWICH, C. / RUDOLPH, D.: *Analyse und interaktive Darstellung der betrieblichen Wertschöpfungskette der Fernsehproduktion.* Medienprojekt, Institut für Medientechnik, Fachgebiet Medienproduktion, TU Ilmenau: 2003.
[KS04]	KLOTH, C. / STEINMETZ, T.: *Modellierung komplexer Broadcast-Systeme.* Medienprojekt, Institut für Medientechnik, Fachgebiet Medienproduktion, TU Ilmenau: 2004.

[Kue04] KÜCHENTHAL, A.: *Methode zur Bestimmung der Relationen zwischen Eigenschaften und Funktionen technischer Systeme im Rundfunk zur Darstellung von Migrationsprozessen am Beispiel der IT-basierten Rundfunkproduktion.* Diplomarbeit, Institut für Medientechnik, Fachgebiet Medienproduktion, TU Ilmenau: 2004.

[KZ06] KLOTH, C. / ZOCH, R.: *Leistungsverzeichnis EMSA – Essence Management & Storage Aktuelles.* ProSiebenSat.1 Produktion, Berlin, v0.30, 07.09.2006.

[Le02] LELIC, S.: *Visio 2002 – Programmierung mit ShapeSheet.* Carl Hanser Verlag, München, 2002.

[LK91] LAW, A.M. / KELTON, W.D.: *Simulation Modeling and Analysis.* McGraw Hill, Inc., New York, 2. Auflage,1991.

[LT02] LERDORF R. / TATROE K.: *Programming PHP.* O'Reilly & Assosiates, Inc., USA, 2002.

[Ma01] MAHDY, G.E.: *Disaster Management in Telecommuniations, Broadcasting and Computer Systems.* John Wiley & Sohns, Ltd., Chichester, 2001.

[MB04] MatheBoad.de: *Array Definition – Erklärung im Mathe Lexikon.* URL: http://www.matheboard.de/lexikon/Array, definition.htm. Stand: 12.11.2004.

[MCI04] Studio Hamburg Media Consult International (MCI) GmbH. URL: http://www.mci-gmbh.de/. Stand: 15.10.2004.

[Mi04] MISCHKE, J.: *Einmaliges Konzert: vier Minuten und 33 Sekunden Stille.* Hamburger Abendblatt. URL: http://www.abendblatt.de/daten/2004/01 /15/251465.html. Stand: 15.01.2004.

[MM04] MOHR, S. / MONTENEGRO, S.: *HazOp — Analysen der Anlagen-Sicherheit und -Gefahren (Hazard-Analyse).* URL: http://www.hazop.de/. Stand: 18.03.2004.

[Mo02] MOCK, R.: *Risiko und Sicherheit in Netzwerken.* Hochschule für Technik, Wirtschaft und Verwaltung Zürich, Laboratorium für Sicherheitsanalytik, 2002. URL: http://pubwww.fhzh.ch/ ȓmock/ public/ SS02_alt/ folien/ ablage/ rm_fta_rsn02.pdf. Stand: 01.07.2004.

[N04] N24: *Die Ruhe nach dem Sturm – Unwetter zog über Ostdeutschland.* URL: http://www.n24.de/boulevard/nus/index.php/a2004072107032669624. Stand: 21.07.2004.

[Neu03] NEUBAUER, M.: *Krisenmanagement in Projekten – Handeln, wenn Probleme eskalieren.* Springer-Verlag, Berlin Heidelberg, 2. Auflage, 2003.

[Neu04] NEUBAUER, M.: *KOPV Krisenmanagement.* URL: http://www.kopv.de. Stand: 06.07.2004.

[Net08] NETZEITUNG: *Historische Panne frustriert Fußball-Fans.* Netzeitung. URL: http://www.netzeitung.de/medien/1067517.html. Stand: 13.07.2005

Literaturverzeichnis 141

[Nue99] NÜTZEL, J.: *Hazard-Anayse*. TU-Ilmenau, Fachgebiet Rechnerarchitekturen. URL: http://www.theoinf.tu-ilmenau.de/ISCRA/hazard.html. Stand: 1999.

[ÖFB04] Österreichische Fußball-Bundesliga: *Saisonauftakt der Bundesliga bei ATV-plus*. URL: http://bundesliga.at/ news/index.php?sub1=1&sub2=1_5943. Stand: 17.07.2004.

[PB04] PANKOW, J. / BOIE, WI.: *Projekterfahrung und Problemstellungen in vernetzen Fernsehsystemen*. MCI / srt - Schule für Rundfunktechnik. Präsentation 2004.

[Pau02] Paulsen, A.: *Signal-Management im Hauptschaltraum – Szenarien von Morgen*. FKT 12/2002, S. 699ff.

[PJN04] PAULKE, T. / JAHNS, G. / NIEPER, W.: *Offenes Broadcast Management System (OBMS)*. FKT 8-9/2004, S. 422f.

[Pri99] PRICE, C.: *Computer-Based Diagnostic Systems – Computer Based Troubleshooting*. Springer-Verlag, London, 1999.

[Pri93] Prisma Verlag (Hrsg.): *Grosses Lexikon in Farbe*. München, 1993.

[PS03] PEACH, J. / SOPPA, T.: *Workflow-Management in Medienproduktionen*. FKT 6/2003, S. 271ff.

[RB04a] Online-Redaktion Radio Bremen: *Stromausfall beim Bundesliga-Auftaktspiel*. URL: http://www.radiobremen.de/ magazin/ sport/ werder/ 20040806_stromausfall .html. Stand: 11.08.2004.

[RB04b] RESCH, C. / BAUMANN M.: *DPA – Digitales Produktionssystem Aktuell: Erweiterung und Skalierung einer digitalen Produktionsumgebung*. Praktikumsbericht, Institut für Medientechnik, Fachgebiet Medienproduktion, TU Ilmenau: 2004.

[RK03] RITTER, U. / KAISER, A.: *Effizienzsteigerung bei der Nachrichtenproduktion durch vernetzte Lösungen*. FKT 8-9/2003, S. 406ff.

[Rin98] RINZA, P.: *Projektmanagement – Planung, Überwachung und Steuerung von technischen und nichttechnischen Vorhaben*. Springer-Verlag, Berlin Heidelberg, 4. Auflage, 1998.

[Schu95] SCHULTEN, M.F.: *Krisenmanagement*. Verlag für Wissenschaft und Forschung, Berlin, 1995.

[Scha04] SCHALL, E.: *Multifunktionsmonitoring: Alles auf einen Blick*. FKT 1-2/2004, S. 15ff.

[Schw04] SCHWINDT, E.: *Gefahrenanalyse mittels Fehlerbaumanalyse*. Seminarfolien, Universität Paderborn, Institut für Informatik. URL: http:// wwwcs.upb.de/ cs/ ag-schaefer/ Lehre/ Lehrveranstaltungen/ Seminare/ AEIzS/ Abgaben/ Folien/ 3_FTA_ESchwindt.pdf. Stand: 09.11.2004.

[SR99] SAGE, A.P. / ROUSE, W.B. (Hrsg.): *Handbook of Systems Engineering and Management*. John Wiley & Sons, Inc. New York (USA), 1999.

[SS02a]	SONNTAG, T. / SCHUBERT, A.: *Einführung konvergenter Technik im Broadcastbereich – Anforderungen, Chancen und Risiken - Teil I.* FKT 5/2002, S. 259*ff*.
[SS02b]	SONNTAG, T. / SCHUBERT, A.: *Einführung konvergenter Technik im Broadcastbereich – Anforderungen, Chancen und Risiken - Teil II.* FKT 6/2002, S. 339*ff*.
[Ste04]	STELAND, F.: *Integrated News Editing System – INES bei RTL.* FKT 4/2004, S. 170*ff*.
[Tau03]	TAUCHNITZ, H.: *Steuerung von Studio-Monitorwänden.* FKT 11/2003, S. 507*ff*.
[TE04]	TESIS SYSware: *FEBA – Fehlerbaumanalyse.* URL: http://www.tesis.de/download.php?id=104193725215. Stand: 08.11.2004.
[TÜV94]	TÜV Nord Industrieberatung (1994): *Zuverlässigkeit / Verfügbarkeit technischer Anlagen.* URL: http://www.ign-nord.de/zuver/. Stand: 15.07.2004.
[TÜV04]	TÜV Nord – Energieerzeugung und -wirtschaft: *Zuverlässigkeit – Methoden.* URL: http://www.tuev-nord.de/17802.asp. Stand: 29.10.2004.
[TVM01]	TVmatix Deutschland: *Kurzschluss im ZDF Sendezentrum.* URL: http://www.tvmatrix.de/index.php?newsid=730. Stand: 26.11.2001.
[TVM02a]	TVmatix Deutschland: *Sendeausfall bei den Kirch-Sendern.* URL: http://www.tvmatrix.de/index.php?newsid=1258. Stand: 18.05.2002.
[TVM02b]	TVmatix Deutschland: *Ausfall aller Kirch-Sender via Astra digital.* URL: http://www.tvmatrix.de/index.php?newsid=1518. Stand: 04.08.2002.
[TVM04]	TVmatix Deutschland: *„Irritierender Zufall": ATVplus während Bundesliga live.* URL: http://www.tvmatrix.de/index.php?newsid=4589. Stand: 14.07.2004.
[VDI 3633]	Verein Deutscher Ingenieure: *VDI 3633 – Simulation von Logistik-, Materialfluß und Produktionssystemen.* VDI-Handbuch Materialfluß und Fördertechnik Band 8. VDI-Gesellschaft für Materialfluß Fördertechnik Logistik, 1993.
[Ver03]	VERSTEEGEN, G. (Hrsg.): *Risikomanagement in IT-Projekten.* Springer-Verlag Berlin Heidelberg, 2003.
[Wa02]	WALD, E.: *Backup und Disaster Recovery.* mitp-Verlag Bonn, 2002.
[We03]	Die Welt: *Stromausfall legt Berliner Innenstadt lahm.* URL: http://www.welt.de/data/2003/10/10/180841.html. Stand: 10.10.2003.
[Wei98]	WEISS, M.S.: *Systems (Final Report).* EBU/SMTP Task Force, Herbst 1998.
[Wie97]	WIETING, R.: *Modellbildung und Simulation mit hybriden höheren Netzen.* Dissertation, Shaker Verlag Aachen: 1998.
[Wik04]	*Wikipedia – Die freie Enzyklopädie.* URL: http://de.wikipedia.org/wiki/Havarie. Stand: 01.07.2004.
[Wil04]	WILKENS, H.: *Rundfunktechnik in zehn Jahren - Fast nichts bleibt, wie es war!* FKT 6/2004, S. 277*ff*.

Literaturverzeichnis

[WS03] WILKENS, H. / SAUTER, D.: *Informationstechnik in der Fernsehproduktion – „IT-based-Production" und Havariekonzepte.* FKT 8-9/2003, S. 386ff.

[XXP03] Spiegel Online: *In eigener Sache – Kurzer Sendeausfall bei XXP.* URL: http://www.spiegel.de/kultur/kino/0,1518,253575,00.html. Stand: 29.11.2004.

[Ya04] Yahoo!Nachrichten: *Siebenschläfer legt Südwestrundfunk lahm.* URL: http://de.news.yahoo.com/040909/336/476m6.html. Stand: 09.09.2004.

[ZDF04] ZDFintern: *DPA Havariekonzept – V02/09.01.2004.* ZDF Mainz.

Sachverzeichnis

3-Stufen-Modell, 49, 93, 104, 109

Abhängigkeit, 79
AirSpace, *siehe* Avid
aktuelle Produktion, *siehe* Nachrichten
Akzeptanz, 89
Alarmmanagement, 48, 93
Alternativer Workflow, *siehe* Havarieworkflow
Analyse, 9, 10
Analysemethode, 70, 89
Analysetool, 74, 89
Änderungsauswirkung, 69, 77, 87
Änderungsfreundlichkeit, 43
Anlage, 49, 97, 114
Antivirus, 46, 126
Anwender, 42, 44, 45, 103, 126
Archivierung, 36
Aspekt, **5**, 18, 89
Asset, **36**
Außergewöhnlichkeit, 10
Audio, 34, 39, 56
Aufgabe, 5, 10, 11
Auftrittswahrscheinlichkeit, 126
Aufzeichnung, 96–99, 106, 109
Aufzeichnungsformat, 35
Aufzeichnungsserver, 96, 99, 100, 103, 107
Ausfall, **65**, 68
    Aufzeichnungsserver, 99
    Backbone-Switch, 102
    Hardware, 103
    Inhalte, 85, 86
    Komponente, 46, 55, 65
    Netzwerk, 52
    primär und sekundär, 65
    Sendung, 47
    Totalausfall, 43, 97, 100

Ausfallarten, 67
Ausfallbedingung, 67
Ausfalleffektanalyse, **22**, 67, 71
Ausfallhäufigkeit, 67
Ausfallhäufigkeitsdichte, **68**, 84
Ausfallkombination, 64, 65, 67, 68, **68**
Ausfallkriterien, 67
Ausfallrate, 67, 68, 76, 77, 84
Ausfallsicherheit, **37**, 44, 69, 104, 114
Ausfallstatistiken, 84
Ausfallursache, 64
Ausfallwahrscheinlichkeit, 84, 110
Ausfallwahrscheinlichkeitsdichte, 69
Ausfallzeit, 67
Ausschussquote, 27
Ausspiel, *siehe* Playout
Austauschformat, 42
Autoindustrie, 84
Automation, 38
Automatisierung, 35, 48, 54, 60, 70, 105, 109, 113, 126
Avid
    AirSpace, 95, 96
    FileManager, 95, 100
    iNews, 95, 101
    MediaBrowse, 95, 105
    MediaManager, 95, 100
    NewsCutter, 95–97, 99–101, 103
    TransferManager, 95, 96
    Unity, 95, 97, 99, 100, 103, 106, 109

Backbone-Switch, 104, 108
Backup, 55
Backup-System, *siehe* Failover-System
Bandbreite, 36, 44, 54
Bandbreitenmanagement, 39

Bearbeitung, 105
Bedeutungsanalyse, 71
Bedienbarkeit, *siehe* Usability
Bedienung, 45
Bedienungsfehler, 16, 18
Beitrag, 38, 52, 95–97, 103
Betrieb, 37, 41, 48, 54
   reduziert, 93, 100, 101
Betriebspersonal, 94, 105
Betriebsrisiko, 71
Betriebssicherheit, 35, **41**, 67
Betriebsstörung, 14
Bewertung, 7, 92
   ZDF-Havariekonzept, 104
Bewertungsmaßstab
   Auftrittswahrscheinlichkeit, 86
   Schaden, 86
Bildmischer, 34, 108
Bildqualität, 39
Blockschaltbild, 107
Bottom-up-Ansatz, 81
Brainstorming, 22
Brand, 30
Broadcast Engineering, 4, 14
Broadcast-Bereich, 43
Browseserver, 52, 107
Browsing, 98, 99
Budget, 10, 11, 18
Budgetüberscheitung, 27

Checkliste, **22**, 92, 93, 108
Client, 89, 96, 98, 100
   Browseclient, 105
   Redaktionsclient, 74, 98
   Schnittclient, 74, 89
Cluster, 54, 99
Computerviren, 46
Content, **36**, 47, 54
Cool Standby, 54
Cutter, 97, 105

Dateiformat, 35, 40
   MXF, 42, 105
   OMF, 96
Dateitransfer, 40, 96
Daten, 5, 30, 36
   fehlerhaft, 113
   korrupt, 109
Datenband, 36

Datenbank, 89
Datenmenge, 39
Datenrate, 40
Datensicherheit, 30, 36, 55, 97
Datenvererbung, 36
Diagnoseproblem, 64
Diagnosesystem, 64
Distribution, 51, **59**
Dokumentation, 89, **92**, 127
   Havarie, 103
   Krisendarstellung, 27
   prozessorientiert, 30
   systemorientiert, 30, 64
DPA, 39, 45, **95**, 121, 125, 132
   Havariekonzept, **97**, 109, 113
   Modell, 2, 106
   Monitoring, 103
   Netzwerk, 98, 101, 104, 106, 108
   Systemanalyse, **107**
   Systembeschreibung, **95**
   technischer Aufbau, **96**
   Workflow, **95**
   zentrales Netzwerk, 97
DVCPro, 96

EB-Team, 96
EBU, 40
Echtzeit, 38, 40, 55, 61
   faster than realtime, 36, 38
Editing, *siehe* Schnitt
EDL, *siehe* Schnittliste
Effizienz, 44
Effizienzsteigerung, 38
Eingangskenngröße, 67
Einschaltquote, 1
Eintrittshäufigkeit, 67, 68
Eintrittswahrscheinlichkeit, 16, 20, **22**, **64**, 67, 71, 85, 86, 107
Eintrittswahrscheinlichkeitsdichte, 81, 86
Elektroversorgung, **57**
Element, 6, 9, 64
Encoder, 99, 106
Energieversorgung, *siehe* Strom
Entscheidung, 7, 10, 26, **29**, 110
   für Firmen und Produkte, 61
   im Havariefall, 47
   Methodenset, 92
   Risikomanagement, 16, 19, 21
Entscheidungszyklus, 44

Sachverzeichnis

Entwicklungsrisiko, 104
Entwicklungsstand, 93, 94
Erdbeben, 18, 26
Ereignisablaufanalyse, 70
Ereignisablaufmodell, 71
Ergebnis, 86, 106
Ersatzbeitrag, 102
Erstmaßnahmen, 29
Eskalationsstufe, 25, 29
Essence, **36**
Ethernet, 40
Experiment, 8, 9
Experte, 38, 45, **84**, 92, 125
Experteninterview, **84**, 92, 125
Expertensystem, **70**, 90, 114

Failover-System, **54**, 61, 80, 93, 98, 100, 104–106, 108, 109, 113
FBAS, 96
Fehler, 113
    Bedienung, 16, 18, **45**, 46
    Entwicklung, 18
    extern, 16
    Hardware, 16, 18
    Material, 18
    Montage, 18
    Organisation, 16
    Risikobewertung, 25
    Software, 16, 54
    System, 43
    unerwartet, 38
Fehleranfälligkeit, 42
Fehlerbaum, 64, **65**, 67, 68, 79
Fehlerbaumanalyse, **63**, 80, 106, 111, 122
    Auswertung, 68
    Bildzeichen, 66
    Definition, 64
    Implementierung, 2, 75
    Implementierung in PlaTo, 77
    Methode, 66
    Methode in Havariekonzept, 69
    Software, 76
Fehlerbaummodell, 71
Fehlerbeseitigung, 44, 45
Fehlerdiagnose, 64
Fehlererkennung, 36, 97, **103**
Fehlerfortpflanzung, 44
Fehlerlokalisierung, 47
Fehlersuche, 69

Fehlerursache, 64, 65, 69, 84
Fernsehbetrieb, 95
Fernsehproduktion, 4, **33**, 113
    bandlos, 34, 36, 43
    filebasiert, 34, 36, 110
    Havarie, 14, **33**
    herkömmlich, **34**
    herkömmlich vs. IT-basiert, 60
    IT-basiert, 1, **34**, 36, 37, 40, 78
    Netzwerk, 39
    Projektcharakter, 15
Fernsehproduktionssystem, 42, 74, 84, 89
Festplatte, 36, 40, 55, 100
FibreChannel, 40, 96
FibreChannel-Netzwerk, 100
FileManager, *siehe* Avid
Filter, **5**, 84, 89
Firewall, **46**, 98, 104
Flexibilität, 38, 42
Formalisierung, 92
Format, 39
Formblatt, 116
Fragebogen, 92, 106
Funktion, 6, 9
Funktionsbereich, **49**, 51, 97, 101

Gbit-Ethernet, 40
Gefahr, 8, 10
Gefahren-Analyse, 70
Gegenmaßnahme, 22, 24
Gewährleistung, 45
Gewitter, 26
GraphViz, 78

Hörfunk, 1, 35
Hacker, 46
Handbuch, 30
Handrechenverfahren, 68
Hardware, 36, 37, 39, 42, 44, 49, 60, 107
    Entwicklung, 44
    Modellierung, 107
Hardwareausfall, 103
Hardwarefehler, 16, 18
Hardwarekosten, 75
Hauptschaltraum, 49
Havarie, 1, 4, **14**, 15, 20, 33, 43, 47, 85, 92, 107, 117
    Übung, 103
    Aufzeichnung, 98

Auswertung, 103
Bearbeitungsspeicher, 100
Dokumentation, 103
DPA-Netzwerk, 101
Monitoring, 103
redaktionell, **58**
Schulung, 103
Systems Engineering, **14**
Verantwortung, 102
ZDF-Netzwerk, 98
Havarieübung, 94, 103, 105
Havarieablauf, 133
Havarieabsicherung, **47**, 92, 94
Havarieanalyse, 75, 89
Havariedimension, **48**, 126
  Komplexität, **49**, 92, 93, 109
  Raum, 49, 92
  Stufen, 49
  Workflow, 51, 92
Havariefall, 14, 15, **34**, 44, 47, 55, 70, 97, 102
  Beispiele, 1, 46, 59, 114, 117
  Identifizieren, 1
Havariehandbuch, 110
Havariekonzept, 52, 61, **91**, 97, 109, 126
  DPA, 97
  Erweiterung, 105
  Qualitätskriterien, 93
  System übergreifend, 52
Havariemaßnahme, 97
Havariemanagement, **13**
Havariemonitoring, **56**, 69, 126
Havarieschutz, 55
Havariesicherheit, 2, 89, 92
Havariesimulation, 134
Havariesituation, 46
Havariesteckfelder, 60
Havariestrategie, 30, 41, 43, **46**, 49, 55, 59, 104, 126
  Bewertung, 11
Havariestufe, **49**, 51
Havariesystem, 61
Havarieszenario, 30, **46**, 48, 70, 94, 97, 105, 110
Havarietest, 94, 107
Havarieumschaltung, 56, 60, 70, 100, 126
  automatisch, 113
  manuell, 105
Havarieursache, 60, 128, 131
Havarieworkflow, **52**, 61, 97, 98, 104, 109

Havarieworkflows, 113
Hazard-Analyse, 70
Hersteller, 38, 39, 42, 45, 55, 104, 127
  Avid, 38, 95
  Quantel, 38
heterogenes Produktionssystem, 41, 43
HiRes, *siehe* Video
Hochrechnung, 83
Hot Standby, 54

Implementierung, 89
Inbetriebnahme, 107
iNews, *siehe* Avid
Informationsbeschaffung, 11
Informationsblatt, 97
Informationsfluss, 6, 38
Informationskette, 47, 103
Informationstechnologie, *siehe* IT
Informationsverarbeitung, 34
Ingest, 39, 54, 95, 105
Ingestservers, *siehe* Aufzeichnungsserver
Inkompetenz
  fachlich, 26
  Management, 26
Input, 6
Integration, 40, 41, 94, 104, 105, 107
Interdisziplinarität, 10
Interface, *siehe* Schnittstelle
Internet, 40, 45
Interoperabilität, 40
Ist-Zustand, 4
IT, 34, 37, 38, 40
IT-basiert
  Fernsehproduktion, 69
  Produktionssystem, 1, 64, 107, 113
IT-Branche, 18
IT-Integration, 34
IT-Netzwerk, 36
IT-System, 30, 35, 38, 43, 57, 97

Kamera, 34, 74
Kante, 78, 79
Kapazitätsplanung, 44
Katastrophe, 14
Klima, 30
Klimatechnik, 49, **58**
Knoten, 78, 79
Know-how, 19
Kommandoanlage, **58**, 93, 101, 104

Sachverzeichnis

Kompatibilität, 40, 42
Kompetenz, 10
Komplettausfall, *siehe* Ausfall
Komplexität, 10
　Havarie, 48
　Projekt, **10**, 23, 111
　System, **4**, 43, 45, 56, 64, 89, 92
Komponente, 49, 64, 98, 109, 114
Kompromiss, 20
Konflikt, 11, 28
Konvergenz, **35**
KOPV, **27**
　Entscheidung, 29
　Krisenanalyse, 28
　Lösungsalternativen, 28
　Nutzen, 29
　Problemverlagerung, 28
　Schaden, 29
Kosten, 20, 28, 94, 105
Kosteneinsparung, 35
Kreativität, 15, 37, 45, 89
Kreuzschiene, 34, 53, 60, 96, 106
Krise, 15, **25**, 29
Krisenanalyse, 28
Krisenbewältigung, 24
Krisenfaktor, 28
Krisenindikator, 27
Krisenlebenszyklus, **26**
　Krisendarstellung, 27
　Krisenentstehung, 26
　Krisenerkenntnis, 26
　Krisenlösung, 27
Krisenmanagement, 15, **24**, 29
Krisensituation, 26
Krisenursache, 26
Krisenvermeidung, 24
Kunde, 89
Kundenanforderung, 126

Lösungsalternativen, 28
Lösungsansatz, 25, 29, 45
Lösungskonzept, 27
Lösungssuche, 7
Leistungsfähigkeit, 37
Leitungsbuchung, 95
Licht, *siehe* Studio
Liveübertragung, 46
Livebetrieb, 34, 48, 114
Livesendung, 113

LowRes, *siehe* Video

Management, 11
Materialfehler, 18
Materialfluss, 6, 38, 75
Matrizenoperation, 75
MAZ, 34, 53, 74, 99, 106
MCI, 125
MediaBrowse, *siehe* Avid
Mediadaten, 97, 100
Mediamanagement, 40
MediaManager, *siehe* Avid
Medienbranche, 14
Medienbruch, 39
Mehrfachnutzung, 35
Meilenstein, 19, 27
Metadaten, 34, **36**, 38, 97
Methodenset, 92, **92**, 114
methodisches Vorgehen, 109
Modell, 7, 9
　Boolsches Modell, 64
　DPA-Modell, 106
　Gültigkeit, 8
　Klassifizierung, 9
Modellbildung, **7**, 49, 77, 90, 92, 107
Modellierung, *siehe* Modellbildung
Moderationstext, 101
Modul, 40, 41
Modularität, **40**, 41, 42, 45, 68, 94
Monitoring, 109
　lokal, 56
　zentral, 56, 93, 103, 104
Monitoringsystem, 90
　Offenes Broadcast Mgmt. System, 57
Moor'sches Gesetz, 35
MS Visio, 74, 77, 88
Multitasking, 44
MXF, 42, 105

Nachrichten, 15, 35, 38, **95**, 109, 110, 113
Nachrichtenstudio, 103
Netzbetreiber, 59
Netzwerk, 38, **39**, 89, 97
　Entkopplung, 108
　Fehlerfortpflanzung, 44
　heterogen, 36
　LAN, 39
　universell, 36
　WAN, 40

Zugangskontrolle, 46
Netzwerk-Management-System, 57
Netzwerkinfrastruktur, 30
Netzwerkstrukturen, 40
Neuartigkeit, 11
News, *siehe* Nachrichten
NewsCutter, *siehe* Avid
Newsroomsystem, *siehe* Redaktionssystem
Nichtfunktionale Anforderungen, **37**
Nichtverfügbarkeit, 67, 68, **68**, 69, 76, 77, 81, 84, 86, 107
NLE, 35, 54
Nofalldokumentation, 105
Norm, 42, 44
    DIN 25 424, 5, 6, 9, **64**, 79, 81, 86
    DIN 25 448, 71
    DIN 50 126, **23**, 110
    DIN 9000, 92
    IEC 300-3-9, 71
    ISO AP-233, 90
    VDI 4001, 71
Normalbetrieb, **47**, 51, 54, 99
Notfall, 15, 29
Notfallübungen, 30
Notfalldokumentation, 94
Notfallformblatt, 30
Notfallhandbuch, 30, 31, 126
Notfallmanagement, 15, 29
Notfallplanung, 20, 116
Notfallszenario, 30
Notfallwahrnehmung, 31
Nutzen, 20, 28, 29
Nutzer, *siehe* Anwender

ODER-Verknüpfung, 66, 69, 79
Offenes Broadcast Mgmt. System, 57, 69
Optimierung, 37, 38
Output, 6

Papierausdruck, 101
paralleler Zugriff, 36
Parameter
    zulässig, 25
Performance, **38**, 39, 44, 46, 93
    sendekritisch, 46
Personenzuverlässigkeitsanalyse, 71
Planung, 90, 93, 107, 109
Planungstool, 74, 89
PlaTo, 2, **74**, 87, 124, 126

Eignung, **89**
Einsatzgebiet, **89**
Erweiterung, 77
Fehlerbaumanalyse, 77
Implementierung, 75
Schnittstelle, 90, 114
Playout, 54, 109
Postproduktion, 51, 52
Prävention, 20
Praxistauglichkeit, 110
Preproduktion, 51
Priorisierung, 44, **47**, 49, 102, 126
Problemlösung, 14
Problemlösungsprozess, 4, **7**, 10, 11
Problemlösungszyklus, 6, 7
Problemverlagerung, **27**, 28
Produktentwicklung, 18
Produktion, 38, 39, 51, 95
Produktionshaus, 49
Produktionsprozess, 10, 15, 30, 37, 51, 110
Produktionssystem, 39, 94, 103
    digital, 95
    herkömmlich vs. IT-basiert, **35**, 37, 40, 53, 86, 109
    integriert, 35, 92, 95
    IT-basiert, 37, 39, 42, 43, 52, 89, 92
Programmauftrag, 47, 93, 104
Programmaustausch, 40
Programmidee, 37
Projekt, **10**, 11, 15, 18
Projektierungsphase, 69
Projektmanagement, 6, **10**, 11, 14, 24
    funktionelle Dimension, 11, 15
    institutionelle Dimension, 12
    instrumentelle Dimension, 12, 15
    personelle Dimension, 12
    psychologische Dimension, 12
Projektphasen, 6, 7
Projektplanung, 11
Projektsteuerung, 11
Projektstrukturplan, **21**
proprietär, 45
    Austauschformat, 42
    Schnittstelle, 44
Protokoll, 84
Prozess, 9, 10, 15, 16, 38, 44
Prozessgröße, 22
Prozessoptimierung, 35

Sachverzeichnis

QoS, 39, 40
Qualität, **39**, 47, 93
  Bild, 35, 39
  Havariekonzept, 2, 92, 93
  Material, 18
  Notfallhandbuch, 31
  Risikobewertung, 23
  Risikomanagement, 20
Qualitätskriterien, 93
Qualitätsverlust, 36
Quality of Service, 39
Quellcode, 44

Rahmenbedingung, 25
RAID, 56, 100
Raumfahrindustrie, 84
Reaktionszeit, 43, 44, 110
Rechenleistung, 35, 38, 44
Rechte, **36**
Recovery-Zeit, 55
Redaktion, 95, 96, 98, 99, 106, 109
Redaktionsclient, 74
Redaktionsnetzwerk, 97, 107
Redaktionssystem, 105
Redundanz, 44, 60, 70, 80, 101, 102, 107
  intern, **55**, 93, 98, 104
Regie, 49
Reinvestionszyklus, 44
Relation, 6
Relevanz, 49, 100, 105
Reparaturrate, 84
Reservekapazität, 54
Ressourcen, 11, 18
Ressourcenplanung, 15, 44
Risiko, 11, 15, **16**, 29, 43, 86, 114
  Bedienung, 93
  Entwicklung, 93
  extern, 46, 93
  Klassifizierung, 110
  Systementwicklung, 45
  Technologieentscheidung, 60
Risikoanalyse, 20, 71, 77, **84**, 109
Risikobetrachtung, 18
Risikobewertung, 22, 23, 76, 85
  Besserwisser, 22
  Entrepreneur, 22
  Nörgler, 22
Risikoermittlung, 22
Risikoidentifizierung

risikoavers, 21
risikofreudig, 21
risikoneutral, 21
Risikokommunikation, 20
Risikomaßzahl, 23, 130
Risikomanagement, 14, 15, **16**, 19, 24, 29
Risikomatrix, **23**, 86, 110, 129
Risikominimierung, **19**, **43**
  Risikoanalyse, 22
  Risikobewertung, 22
  Risikoidentifizierung, 21
  Risikomonitoring, 23
  Risikostrategien, 24
Risikorangliste, 23
Risikostrategie
  Risikoakzeptierung, 24
  Risikominimierung, 24
  Risikotransfer, 24
  Risikovermeidung, 24
Risikotyp, **17**, 115
  kaufmännisch, 18
  politisch, 19
  Ressourcen, 19
  technisch, 18, 64
  terminlich, 19
Risikoursachen, 16
Risikowahrscheinlichkeitsklasse, 23
Rohschnitt, *siehe* Schnitt
Routinefall, 22
Rundfunk, 35
Rundfunkproduktion, 117
Rundfunkproduktionssystem, 74
Rundown, *siehe* Sendeablauf

Sabotage, 46, 126
SAW, 49
Schaden, 10, **16**, 29, 46, 71, 85, 86, 110, 126
  Bewertungsmaßstab, 86
Schadensbild, 29
Schadenserwartung, 28
Schadenshöhe, 20, **23**, 110
Schadensklasse, 23
Schadenskosten, 29
Schlussredakteur, 96
Schnitt, 99, 109
  Feinschnitt, 96
  Grobschnitt, 96
Schnittclient, 52, 74, 89
Schnittliste, 34, 96

Schnittstelle, 44, 71
  Anzahl, 45
  Hardware, 84
  herkömmlich zu IT-basiert, 40
  offen, 42
  Prozess, 71
  Software, 84
  standardisiert, 41, 42, 44
Schnittsystem, 40
Schulung, **30**, 42, 45, 54, 94, 104, 126
Schwachstelle, 22, 76, 108
SDI, 96, 100, 101
SDI=Infrastruktur, 36
Sendeablauf, 95, 96, 101, 102
Sendeausfall, 1, 59, 108, 117
Sendebeitrag, *siehe* Beitrag
Sendebetrieb, 1
Sender, 1, 39, 49, 52, 117
  9 live, 117
  ARD, 114, 117–119
  BBC, 48, 118
  DSF, 117
  hr, 109
  kabel eins, 110, 117
  MDR, 49, **57**, 120, 126
  N24, 110, 117
  NDR, 118
  ORF, 117
  Premiere, 117, 118
  ProSieben, 110, 117, 118
  ProSiebenSat.1, 2, **110**
  RBB, 118
  RTL, 117
  RTL II, 117
  Sat.1, 110, 117
  SWR, 1, 118
  Tele 5, 117
  WDR, 57
  XXP, 59, 118
  ZDF, 2, 39, 45, 74, 89, **95**, 110, 113, 117, 119, 125
Senderegie, 101, 108
Senderfamilie, 49
Sendeserver, 97, 106
Sendeweg, 108
Sendung, 1, 15, 95–97, 105
Server, 40, 54, 74
Service-Level-Agreements, 45
Sicherheit, 20, 39

Simulation, 7, 8, **9**, 10, 67
single point of failure, 43
SMPTE, 40
SNMP, 55–57, 103
Software, 36, 37, 39, 41, 46, **49**, 60, 89, 107
  Modellierung, 107
  Update, 37, 38, 43–45, 104
  Upgrade, 37
Softwareaufwand, 43
Softwareentwicklung, 44
Softwarefehler, 16, 18, 105
Softwarekosten, 75
Softwaremodul, 45
Softwarerisiko, 44
Soll-Ist-Abweidung, 25
Soll-Zustand, 4
Speicherplatz, 44
Spionage, 46
Störfall, 14
Störung, 25, 37
Stabilität, **37**, 44–46, 93, 104, 108
Standard, 42, 57
  offen, **42**, 94
Standard-IT, 35–37, 41
Standardeingang, 65, 66, 79
Startelement, 77, 79
Statistik, 85
Steuerparameter, 9
Streaming, 40
Strom, 49, 93, 104
Stromausfall, 30
Studio, 49, 54
Studiobeleuchtung, **58**, 93, 104
Studioreferenzmodell, 40
Studiotakt, 34
Support, **42**, 126
Support-Hotline, 70, 94, 105
Supportlevel, 45
Supportstrategie, 43
Symbol, 89
System, **5**, 7, 9, 16, 22, 30, 37, 39, 40, 43, 76, 77, 79
  analog, 34, 60
  digital, 34, 43, 60
  diskret, 5
  inaktiv, 87, 106
  kontinuierlich, 5
  neu, 94
  offen, 5

Sachverzeichnis

sendekritisch, 43, 45, 104
senderelevant, 39, 48, 54, 58
unsichere Umgebung, 24
vernetzt, 43
Systemüberwachung, 9
Systemadministration, 56, 90, 97, 105
Systemanalyse, **9**, 67, 89, 92, 107
Systemarchitekt, 89
Systemausfall, 110
Systemdenken, **4**
Systementwicklung, **43**, 45
Systemfehler, 16
Systemgestaltung, 4, **7**
Systemgrenze, **5**
Systemhaus, 44, 89, 127
Systemhierarchie, 6, **6**, 75, 79
Systemkomponenten, 64
Systemmanagement, 9
Systems Engineering, **4**, 14, 27, 45, 74
Systemverfügbarkeit, 37
Systemverhalten, **5**, 7, 10, 67
Systemzusammenhang, 89
Systemzuverlässigkeit, 76

technische Konvergenz, **35**, **60**, 126
Telemedia
    Encoder, 96
    Server, 96
Teleprompter, 95, 101
Termin, 11
Tesis FEBA, 76
Testbild, 59
Testsystem, 45
Testszenario, 45
Tonmischer, 108
Top-down-Ansatz, 6, 49, 64, 67
TOP-Ereignis, **65**, 67, 68, 79, 80, 83, 107
transfer while recording, 96
TransferManager, *siehe* Avid
TU Ilmenau, 74

Übertragungsausgang, 66
Übertragungseingang, 66
UMID, 36
UML, 75
UND-Verknüpfung, 66, 69, 79
unerwünschter Bereich, 86
unerwünschtes Ereignis, 65, **65**
Unity, *siehe* Avid

Unmöglichkeit, 25
    Arten, 25
    dispositiv, 25
    fachliche Inkompetenz, 26
    Management-Inkompetenz, 26
    objektiv, 25
    subjektiv, 25
Unterbrechungsfreiheit, 40
Unternehmensziel, 37
Unvorhersehbarkeit, 15
Unwetter, 18
Urheber, 34
Ursache-Wirkung-Analyse, 71
Ursachenermittlung, 64
Usability, **42**

Variantenbildung, 6
Verantwortung, 10
Verbinder, **74**, 77, 79
Verfügbarkeit, 107
    Hardware, 43
Verhalten, 9
Verhaltensgrößen, 5
Verknüpfung
    ODER, 66, 68, 69
    UND, 66, 68, 69
Vermaschungen, 68
Vernetzung, 35–37, **39**, 43, 44, 60
    Workflows, 39
Verständlichkeit, 64
Video, 34, 38, 39, 56
    digital, 96
    HiRes, 95, 96
    LowRes, 95
Videoband, 34, 53, 99, 100
Videobearbeitung, 38
Visualisierung, 79, 81
Vorgehensmodell, **6**
Vorhersagbarkeit, 14, 16

Wahrscheinlichkeit, **16**, 67, 97, 109
Wartung, 45, 54
Wartungsvertrag, 61
Wassereinbruch, 30
Werbeeinnahmen, 1
Wiederherstellung, 102
Workflow, 30, 34, 35, 38, 46, 51, **51**, 95
    Analyse, 107, 109
    Modellierung, 107

Workflowoptimierung, 35

Zeitplanung, 15
Zielelement, 77
Zielsuche, 7
Zugangsbeschränkung, 46
zulässige Parameter, 65
Zustandsgröße, 5
Zuverlässigkeit, **64**, 70, 71, 104, 108
Zuverlässigkeitsanalyse, 76
Zuverlässigkeitskenngröße, 64, **67**, 114

MIX
Papier aus verantwortungsvollen Quellen
Paper from responsible sources
FSC® C105338

If you have any concerns about our products,
you can contact us on
ProductSafety@springernature.com

In case Publisher is established outside the EU,
the EU authorized representative is:
**Springer Nature Customer Service Center GmbH
Europaplatz 3, 69115 Heidelberg, Germany**

Printed by Libri Plureos GmbH
in Hamburg, Germany